Statistische Entscheidungstheorie

GÜNTER BAMBERG, * 1940, 1960—1966 Studium der Mathematik in Saarbrücken und Bonn. 1966—1968 wissenschaftlicher Assistent am Institut für mathematische Statistik der T. H. Karlsruhe (Prof. Dr. B. Bierlein), 1968 Dr. rer. nat. (in Saarbrücken), 1968—1970 wissenschaftlicher Assistent an der Fakultät für Geistes- und Sozialwissenschaften der T. H. Karlsruhe, Sektion Ökonometrie und Operations Research (Prof. Dr. R. Henn). 1970 (Februar) Habilitation an der Universität Karlsruhe für das Fach Ökonometrie und Statistik. 1970 (Mai) Ernennung zum ord. Professor für Statistik am Wirtschafts- und Sozialwissenschaftlichen Fachbereich der Universität Augsburg.

Günter Bamberg

Statistische Entscheidungstheorie

Springer-Verlag Berlin Heidelberg GmbH

ISBN 978-3-7908-0099-9   ISBN 978-3-662-41480-4 (eBook)
DOI 10.1007/978-3-662-41480-4

Ursprünglich erschienen bei Physica-Verlag, Rudolf Liebing KG, Würzburg 1972.
Softcover reprint of the hardcover 1st edition 1972

ISBN 978-3-7908-0099-9 ISBN 978-3-662-41480-4 (eBook)
DOI 10.1007/978-3-662-41480-4

Vorwort

Rationales Entscheiden erfordert häufig Entscheidungsunterlagen, die nur von der Empirie geliefert werden können. Einige Beispiele mögen dies verdeutlichen. Zur Entscheidung über die Produktion eines neuentwickelten elektronischen Bauelements ist eine gewisse Kenntnis der mittleren Lebensdauer dieses Elements erforderlich; zur Entscheidung zwischen verschiedenen möglichen Werbemaßnahmen ist eine gewisse Kenntnis der Wirksamkeit erforderlich; zur Entscheidung über die Massenherstellung eines neuen pharmazeutischen Präparates ist eine gewisse Kenntnis der Heilungswahrscheinlichkeit erforderlich; zur Entscheidung zwischen verschiedenen konjunkturpolitischen Maßnahmen ist eine gewisse Kenntnis makroökonomischer Gesetzmäßigkeiten erforderlich, usw. Die von der Empirie zu liefernden Entscheidungsunterlagen sind hierbei die mittlere Lebensdauer des Bauelements, die Wirksamkeit der Werbemaßnahmen, die Heilungswahrscheinlichkeit des pharmazeutischen Präparates und schließlich die makroökonomischen Gesetzmäßigkeiten. Eine exakte Kenntnis dieser Größen wäre zwar ideal, ist aber in der Praxis nicht zu erzielen. Vielmehr kann aus Zeit- und Kostengründen lediglich eine „gewisse" Kenntnis mittels einer Stichprobe erzielt werden. Bei dem letzteren Beispiel wird eine exakte Kenntnis nicht nur aus Zeit- und Kostengründen, sondern auch aus prinzipiellen Gründen verhindert; man denke etwa an den bescheidenen Stichprobenumfang wirtschaftsstatistischer Zeitreihen, an ökonometrische Identifizierbarkeitsprobleme u. ä. Bei den anderen Beispielen kann der Stichprobenumfang, und damit die empirische Basis, vom Entscheidungsträger weitgehend selbst festgelegt werden. Eine derartige Festlegung stellt natürlich ebenfalls ein Entscheidungsproblem dar, das entweder aus rein subjektiven Erwägungen heraus „gelöst" werden kann oder ebenfalls die Frage nach der Rationalität aufwirft. Sobald die Entscheidung über den Stichprobenumfang getroffen ist und eine Stichprobenrealisation vorliegt, muß (ebenfalls möglichst rational) entschieden werden, welches statistische Auswertungsverfahren eingesetzt werden soll.

Das Typische der von *A. Wald* entwickelten statistischen Entscheidungstheorie besteht darin, daß diese verschiedenen Entscheidungsprobleme als interdependent aufgefaßt werden. Die statistische Entscheidungstheorie sieht die mit Fehlentscheidungen verbundenen Verluste und die Stichprobenkosten als primäre Daten an und legt mittels sog. statistischer Entscheidungsfunktionen fest, welche Stichprobe zu ziehen und welche Entscheidung aufgrund der Stichprobenrealisation zu treffen ist. Da eine statistische Entscheidungsfunktion sowohl die Informationsbeschaffung als auch die darauf basierende Entscheidungsfindung regelt und somit die zu treffende Entscheidung „automatisch" herbeiführt, werden die eigentlichen Schwierigkeiten in die Konstruktion und in die Auswahl geeigneter statistischer Entscheidungsfunktionen verlagert. Die Diskussion dieser Schwierigkeiten sowie die Darstellung einiger Lösungsmöglichkeiten sind der Inhalt der vorliegenden Schrift.

Die statistische Entscheidungstheorie ist durch die Einbeziehung der Stichprobenkosten und der Konsequenzen von Fehlentscheidungen so flexibel, daß sie konkreten Entscheidungsproblemen weitgehend angepaßt werden kann. Allerdings erfordert sie — im Gegensatz zur traditionellen Statistik— die Angabe dieser Daten durch den Anwender.

In vielen Statistik-Lehrbüchern wird die statistische Entscheidungstheorie entweder überhaupt nicht oder nur auf den letzten Seiten erwähnt. Da ihr Bekanntheitsgrad deshalb noch relativ gering ist, wurde bei dieser Einführung versucht, unter Verzicht auf mathematische Strenge die wesentlichen Prinzipien sowie eine Reihe von Ergebnissen möglichst leichtverständlich darzustellen. Zur Lektüre dürften die Vorkenntnisse eines zweisemestrigen Kurses über Wahrscheinlichkeitstheorie und Statistik, der z. B. an wirtschafts- und sozialwissenschaftlichen Fakultäten üblich ist, ausreichen. Vorkenntnisse in den Grundlagen der Spieltheorie sind nützlich, jedoch keine unbedingte Voraussetzung; die benötigten Begriffe werden in Paragraph 4 nochmals zusammengestellt. Zur Ergänzung der Vorkenntnisse eignen sich z. B. die in dieser Reihe erschienenen Bücher von *H. Basler* [1968] und *N. N. Vorobjoff* [1967].

Der leichteren Verständlichkeit wegen sind alle Sätze jeweils mit einer Erläuterung statt eines Beweises versehen. Der stärker mathematisch interessierte Leser sei zur Ergänzung auf die Bücher von *A. Wald* [1950], *E. L. Lehmann* [1959], *H. Witting* [1966] und *T. S. Ferguson* [1967] verwiesen. Literaturstellen werden in der Regel nur dann zitiert, wenn die jeweiligen Ergebnisse nicht in einem dieser Bücher nachzulesen sind.

Die einigen Paragraphen beigefügten Aufgaben dienen in erster Linie einem besseren Verständnis der neu eingeführten Begriffe und Ergebnisse. Infolgedessen schien es angebracht, die Aufgaben (auf Kosten der Praxisnähe) möglichst einfach zu halten. Jeder Aufgabe ist die Lösung unmittelbar angefügt.

Meinen Mitarbeitern Dipl.-Math. Dr. *O. Emrich,* Dipl.-Volkswirt *L. Knüppel,* Dipl.-Ing. *H. Paul,* Dipl.-Volkswirt Dr. *U. Schittko* und Dipl.-Math. *J. Sommer* danke ich für ihren Rat und ihre Kritik bei der Abfassung des Manuskripts. Darüber hinaus danke ich Frl. *B. Emmrich,* die mit viel Geduld und Sorgfalt das Manuskript samt Überarbeitungen geschrieben hat, sowie dem Physica-Verlag für die verständnisvolle Zusammenarbeit.

Augsburg, Dezember 1971 Günter Bamberg

Benutzte Symbole

Θ	Menge der Zustände der Umwelt (vgl. 1.1 und 5.1), hier meist ein Parameterbereich
ϑ	Element von Θ
D	Menge der in Betracht zu ziehenden Entscheidungen
d	Element von D
s	Schadensfunktion (vgl. 1.1)
$\mathfrak{X}$	Stichprobenraum
X	Stichprobenvariable; sofern nicht ausdrücklich anders vermerkt oder aus dem Kontext ersichtlich, ist $X=(X_1, X_2, \ldots, X_n)$, wobei die X_i unabhängige Wiederholungen einer Zufallsvariablen sind
x	Stichprobenrealisation; meist ist $x=(x_1, x_2, \ldots, x_n)$
$\bar{x}$	Stichprobenmittel $\frac{1}{n} \sum_1^n x_i$
n	Stichprobenumfang
$f(x \mid \vartheta)$	Wahrscheinlichkeitsdichte oder Wahrscheinlichkeitsfunktion über $\mathfrak{X}$, die durch ϑ festgelegt ist
W	Wahrscheinlichkeit
W_ϑ	durch ϑ festgelegte Wahrscheinlichkeit
Δ	Klasse von statistischen Verfahren
δ	Element von Δ
K	Optimalitätskriterium
$K(\delta)$	Beurteilungsgröße, die dem statistischen Verfahren δ durch K zugeordnet wird
c	Stichprobenkostenfunktion (vgl. 5.1)
r	Risikofunktion (vgl. 3.1)
φ	a priori Bewertung
ψ	a posteriori Bewertung
E_ϑ	Erwartungswert bez. der durch ϑ festgelegten Wahrscheinlichkeitsverteilung
var_ϑ	Varianz bez. der durch ϑ festgelegten Wahrscheinlichkeitsverteilung
μ	Erwartungswert einer normalverteilten Zufallsvariablen
σ^2	Varianz einer normalverteilten Zufallsvariablen
$\mathfrak{N}(\mu, \sigma^2)$	Normalverteilung mit dem Erwartungswert μ und der Varianz σ^2

$\mathfrak{B}(m, \vartheta)$	Binomialverteilung (vgl. 6.1)
T	Statistik, die entweder suffizient ist oder bez. der die Verteilung einen monotonen Likelihoodquotienten besitzt
$\varkappa$	kritischer Wert (bei Tests)
H_0, H_1	Hypothesen
Θ_0, Θ_1	Parametermengen, die H_0 bzw. H_1 entsprechen
$\mathrm{d}_0, \mathrm{d}_1$	Entscheidung für die Hypothese H_0 bzw. H_1

Daneben werden die üblichen mathematischen Symbole benutzt:

$a \in A$	a ist ein Element der Menge A
$\lvert a \rvert$	Länge des Vektors a
$\mathbb{R}$	Menge der reellen Zahlen
$\mathbb{R}_+$	Menge der positiven reellen Zahlen
$\mathbb{R}^n$	n-dimensionaler reeller Raum
$\bigcup_i A_i$	Vereinigung der Mengen A_i
$[a, b]$	abgeschlossenes Intervall von a bis b
(a, b)	offenes Intervall von a bis b
max	Maximum
min	Minimum
sup	Supremum
inf	Infimum
exp	Exponentialfunktion

Inhalt

Vorwort 5

Benutzte Symbole 7

Kapitel I: Das Konzept der statistischen Entscheidungstheorie

1 Einführende Beispiele 11
1.1 Entscheidungssituationen 11
1.2 Beispiele 12
1.3 Entscheidungssituationen und Stichproben 15
1.4 Die Schadensfunktion 19

2 Verschiedene Auffassungen von Statistik 20
2.1 Statistische Probleme und Entscheidungsprobleme 20
2.2 Drei Auffassungen von Statistik 21

3 Die Auffassung der statistischen Entscheidungstheorie 25
3.1 Die Risikofunktion 26
3.2 Optimale statistische Verfahren 29
3.3 Kriterien für die Auswahl statistischer Verfahren 31
3.4 Einige Bemerkungen zur Verwendbarkeit der statistischen Entscheidungstheorie 33
3.5 Aufgaben 36

4 Beziehungen zu anderen Entscheidungstheorien 41
4.1 Das Bernoulli-Prinzip 42
4.2 Das Zweipersonennullsummenspiel 43
4.3 Aufgaben 48

Kapitel II: Detaillierte Darstellung der Theorie und einiger Ergebnisse

5 Die allgemeine Theorie 52
5.1 Die Daten des allgemeinen statistischen Entscheidungsproblems 52
5.2 Die Einbeziehung von Vorinformationen in die Analyse . . 55
5.3 Randomisierte Verfahren 59
5.4 Inhalte der nächsten Paragraphen 61

6 Gleichmäßig beste Verfahren 63
6.1 Exponentialfamilien von Verteilungen 63
6.2 Suffiziente Statistiken 66

6.3 Schätzprobleme 72
6.4 Testprobleme 77
6.5 Bereichsschätzung, Konfidenzintervalle 90
6.6 Aufgaben 95

7 **Bayes-Verfahren** 100
7.1 A priori und a posteriori Verteilungen 101
7.2 Berechnung von Bayes-Verfahren 102
7.3 Bayessche Schätzverfahren 104
7.4 Aufgaben 106

8 **Minimax-Verfahren** 108
8.1 Berechnung von Minimax-Verfahren 109
8.2 Minimax-Regret-Kriterium 111
8.3 Schätzprobleme 113
8.4 Testprobleme 120
8.5 Aufgaben 123

9 **Vollständige Klassen von Verfahren** 125
9.1 Zulässige Verfahren 125
9.2 Vollständige Klassen 126
9.3 Testprobleme 131
9.4 Aufgaben 136

Literatur 138

Sachverzeichnis 147

Kapitel I

Das Konzept der statistischen Entscheidungstheorie

1 Einführende Beispiele

1.1 Entscheidungssituationen

Wer möchte schon eine „Katze im Sack" kaufen? In aller Regel wird man wohl vor dem Kauf versuchen, sich etwas Information über die „Katze" zu beschaffen.

Die statistische Entscheidungstheorie beschäftigt sich mit Entscheidungssituationen, bei denen diese Informationsbeschaffung mittels Stichproben geschieht. Die zur Debatte stehenden Entscheidungen brauchen selbstverständlich keine Kaufentscheidungen sein, sondern können von beliebiger Natur sein.

Die statistische Entscheidungstheorie gibt darüber Auskunft, welche Daten des Entscheidungsproblems bekannt sein müssen und welche dieser Daten der Anwender dem Statistiker mitteilen muß, damit eine fundierte Beantwortung folgender Fragen möglich wird: Nach welchem Modus (einstufig, mehrstufig) ist die Stichprobe zu ziehen? Welchen Umfang soll sie haben? Wie soll sie ausgewertet werden?

In diesem ersten Paragraphen wollen wir uns mit drei Daten vertraut machen, die für jedes statistische Entscheidungsproblem fundamental sind (aber noch nicht zur völligen Präzisierung des Problems ausreichen). Es sind die gleichen Daten, die eine Entscheidungssituation unter Ungewißheit charakterisieren, nämlich

a) die Menge Θ aller *Zustände* ϑ *der „Umwelt"*: ϑ wird in der Regel durch einen ein- oder mehrdimensionalen Parameter charakterisiert, den der Entscheidungsträger selbst nicht kontrollieren kann, der aber für die zu treffende Entscheidung von Bedeutung ist,
b) die Menge D aller zur Debatte stehenden *Entscheidungen* d,
c) die Bewertung der Konsequenzen von Fehlentscheidungen in Form der *Schadensfunktion s:*
   $s(\vartheta, d)$ gibt den entstehenden Schaden an, wenn die Entscheidung d getroffen wird und ϑ der wahre Zustand der Umwelt ist.

Man bezeichnet Θ auch als Zustandsraum oder als Raum der a priori zugelassenen Zustände, D als Entscheidungsraum oder Aktionenraum und s als Verlustfunktion.

Bei unserer eingangs zitierten „Katze im Sack" würde jedes ϑ eine bestimmte Beschaffenheit der „Katze" beschreiben. D würde aus den beiden Entscheidungen d_0 (= nicht kaufen) und d_1 (= kaufen) bestehen; $s(\vartheta, d_0)$ wäre groß (bzw. klein) im Vergleich zu $s(\vartheta, d_1)$, wenn ϑ einer günstigen (bzw. ungünstigen) Beschaffenheit entspricht.

1.2 Beispiele

Die folgenden Beispiele dienen der Illustration dieser drei primären Daten Θ, D und s.

Beispiel 1: Eine Partie von 1000 Maschinenteilen wird versandfertig gemacht. Sofern bei der laufenden Produktion noch keine Qualitätskontrolle durchgeführt wurde, enthält die Partie die (noch unbekannte) Ausschußquote ϑ. Die Menge Θ besteht demnach aus den 1001 Elementen

$$0, \frac{1}{1000}, \ldots, \frac{999}{1000}, 1.$$

Die Menge D besteht aus den beiden Elementen d_0 (= Nichtversenden[1]) und d_1 (= Versenden). Der Schaden $s(\vartheta, d_0)$ ergibt sich (sobald Nichtversenden mit einer Totalkontrolle identisch ist) aus den Kosten zur Prüfung der 1000 Maschinenteile, eventuell aus zusätzlichen Ausfallkosten infolge Lieferungsverzögerung usw.

Der Schaden $s(\vartheta, d_1)$ hängt neben einem (bei großer Ausschußquote ϑ) möglichen Prestigeverlust wesentlich von der Haftung für ausgelieferte fehlerhafte Maschinenteile ab: Sobald bei einer Reklamation nur das Teil selbst zu ersetzen ist, fällt der Schaden geringer aus, als wenn zusätzlich zur Ersetzung des Teils noch eine Konventionalstrafe zu zahlen ist.

Beispiel 2: Eine Unternehmung stehe vor der Entscheidung, ob die Produktion von Bremsbelägen auf ein neuentwickeltes Material umgestellt oder mit dem bisher benutzten Material fortgesetzt werden soll.

Der unbekannte Zustand ϑ der Umwelt ist hier die Abriebfestigkeit des neuen Materials.

Die Menge D der möglichen Entscheidungen besteht aus d_0 (= Verwendung des alten Materials) und d_1 (= Umstellung auf das neue Material).

Bei der Festlegung der Schadensfunktion kann man davon ausgehen, daß d_0 eine Fehlentscheidung darstellt, wenn die Abriebfestigkeit ϑ des neuent-

[1] „Nichtversenden" kann z. B. Totalkontrolle (und erst späteren Versand) bedeuten.

wickelten Materials größer als die Abriebfestigkeit ϑ_0 des bisher benutzten Materials ist, und daß d_1 eine Fehlentscheidung darstellt, wenn ϑ kleiner als ϑ_0 ist.

Demnach kann für die Schadensfunktion folgende Struktur angenommen werden:

$$s(\vartheta, d_0) = \begin{cases} 0, & \text{für } \vartheta \leqq \vartheta_0 \\ > 0, & \text{für } \vartheta > \vartheta_0 \end{cases}; \quad s(\vartheta, d_1) = \begin{cases} > 0, & \text{für } \vartheta \leqq \vartheta_0 \\ 0, & \text{für } \vartheta > \vartheta_0 \end{cases}$$

Hierbei wurde unterstellt, daß bei gleicher Abriebfestigkeit eine Produktionsumstellung unzweckmäßig ist (Schaden $s(\vartheta, d_1)$ ist positiv für $\vartheta = \vartheta_0$).

Genauere Angaben über die Werte der Schadensfunktion können erst aufgrund genauerer Kenntnis der Realsituation gemacht werden und müssen von dem Entscheidungsträger (evtl. zusammen mit dem Statistiker) eruiert werden.

Eine hinreichend gute Annäherung an die Realität kann u. U. bereits durch eine stückweise konstante Schadensfunktion (vgl. Fig. 1)

$$s(\vartheta, d_0) = \begin{cases} 0, & \text{für } \vartheta \leqq \vartheta_0 \\ s_0, & \text{für } \vartheta > \vartheta_0 \end{cases}; \quad s(\vartheta, d_1) = \begin{cases} s_1, & \text{für } \vartheta \leqq \vartheta_0 \\ 0, & \text{für } \vartheta > \vartheta_0 \end{cases}$$

erreicht werden: Sind die Umstellkosten auf das neue Material relativ hoch, so kann man dies durch einen höheren Wert s_1 berücksichtigen (wie bei Fig. 1); sind dagegen die Entwicklungskosten des neuen Materials relativ hoch, so wird man s_0 größer (als s_1) ansetzen.

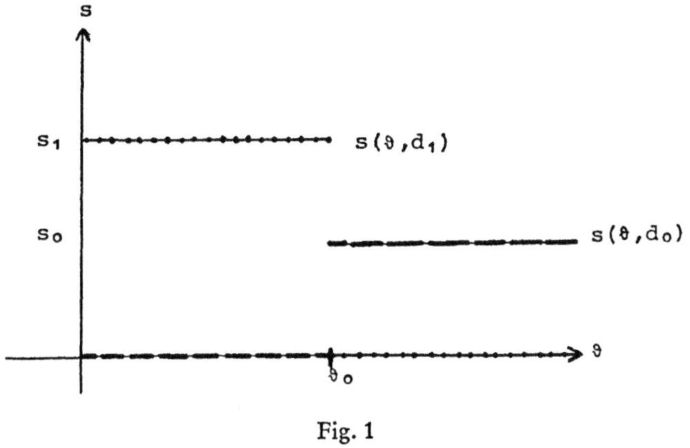

Fig. 1

Sobald man sogar in der Lage ist, den bei Fehlentscheidungen entstehenden Schaden in Abhängigkeit von der Differenz zu kalkulieren, um die sich die Abriebfestigkeiten der beiden Materialien unterscheiden, so kann das

Entscheidungsmodell der realen Entscheidungssituation noch weitgehender angepaßt werden (Fig. 2).

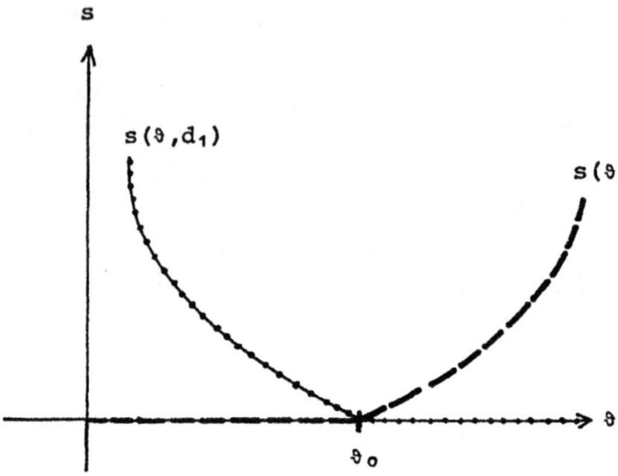

Fig. 2

Bei dem nächsten Beispiel stehen im Gegensatz zu den vorangehenden Beispielen nicht nur zwei, sondern ein Kontinuum von Entscheidungen zur Debatte.

Beispiel 3: Eine Unternehmung stellt ein Produkt P her, dessen Absatz trotz aller Werbemaßnahmen zu wünschen übrig läßt. Die Entwicklungsabteilung hat eine Variante P' des Produktes P entwickelt, die ohne große Umstellkosten gleichzeitig mit P produziert werden kann (auf Kosten des Anteils von P an dem Gesamtoutput).

Die Unternehmensführung ist der Ansicht, daß die Produktion in dem Maße auf P' umgestellt werden sollte wie P' von den Käufern (bei einem vorkalkulierten Preis) gegenüber P bevorzugt wird. Genauer: Ist ϑ der Bruchteil derjenigen Käufer, die P' gegenüber P bevorzugen, so sollen P' und P im Mengenverhältnis $\vartheta : (1 - \vartheta)$ produziert werden.

Da der unbekannte Zustand ϑ der Umwelt zwischen 0 und 1 variiert, ist hier Θ das Intervall $[0, 1]$.

Da über die Aufteilung der Gesamtproduktion auf P' und P entschieden wird, also jede Entscheidung d ebenfalls durch eine Zahl aus dem Intervall $[0, 1]$ charakterisiert werden kann, besteht auch D aus dem Intervall $[0, 1]$.

Der Schaden s ist Null, wenn d mit ϑ übereinstimmt. Sobald ϑ von d abweicht, kann die Gesamtproduktion nicht ohne weiteres abgesetzt werden; aus den resultierenden Maßnahmen (erzwungene Lagerung, Preisreduzierung usw.) ergibt sich der Wert $s(\vartheta, \mathrm{d})$.

Sind Über- und Unterschätzungen von ϑ gleichermaßen gravierend, so kann der Schadensverlauf möglicherweise durch die quadratische Schadensfunktion

$$s(\vartheta, d) = (\vartheta - d)^2$$

hinreichend genau wiedergegeben werden.

Es bietet sich an, Beispiele aus dem betriebswirtschaftlichen Bereich zu wählen, denn hier werden besonders häufig Entscheidungen getroffen, deren Konsequenzen numerisch erfaßbar sind. Weitere Beispiele, insbesondere aus dem Produkt-Management und der Werbung, findet man z. B. bei *M. K. Starr* [1963] und *Green* [1962]. Aus der Tatsache, daß die bisherigen Beispiele aus dem betriebswirtschaftlichen Bereich gewählt sind, darf allerdings nicht geschlossen werden, daß die statistische Entscheidungstheorie hierauf beschränkt ist. Entscheidungssituationen aus anderen Bereichen erfordern jedoch in der Regel eine breitere Darstellungsweise sowie detaillierte substanzwissenschaftliche Kenntnisse.

In der Literatur findet man u. a. Anwendungsbeispiele aus den Gebieten der Technik [z. B. *Leunbach*, 1955, *Middleton*, *van Meter*, 1956], der Regionalplanung [z. B. *Isard*, *Reiner*, 1962], der Land- und Forstwirtschaft [z. B. *Dane*, 1965], der Psychologie [z. B. *Edwards*, *Lindman*, *Savage*, 1963], der Volkswirtschaft [z. B. *Zellner*, *Chetty*, 1965 und *Menges*, 1969, S. 202 ff.], der Medizin [z. B. *Betaque*, *Gorry*, 1971, *Rubel*, 1967, *Colton*, 1963 und *Cornfield*, 1966]. Sogar auf gerichtsmedizinischem Gebiet finden Methoden der statistischen Entscheidungstheorie Anwendung; so läßt sich beispielsweise die Vaterschaftsbegutachtung als statistisches Entscheidungsproblem behandeln [*Walter*, 1971].

1.3 Entscheidungssituationen und Stichproben

Unsere Beispiele 1, 2, 3 stellen bisher noch reine Entscheidungsprobleme unter Ungewißheit dar; dem Entscheidungsträger sind nur die Daten (Θ, D, s) bekannt. In den geschilderten Situationen wird der Entscheidungsträger jedoch versuchen, die völlige Ungewißheit (über das wahre ϑ) durch eine Stichprobe zu verringern. So wird man in Beispiel 1 eine bestimmte Anzahl von Maschinenteilen kontrollieren, in Beispiel 2 die Abriebfestigkeit einer Anzahl von Teststücken des neuentwickelten Materials messen und in Beispiel 3 eine Verbraucherumfrage durchführen.

Bei der Verringerung der Ungewißheit durch eine Stichprobe sind zwei Fälle zu unterscheiden:

Fall 1: Der Stichprobenumfang kann beliebig groß gewählt werden; die hierbei entstehenden Kosten sind unerheblich im Vergleich zu den Schäden, die durch Fehlentscheidungen entstehen können.

Fall 2: Der Stichprobenumfang ist entweder fest vorgegeben [1] oder durch die entstehenden Kosten stark eingeschränkt.

Im Fall 1 tritt kein statistisches Entscheidungsproblem auf, denn durch beliebige Vergrößerung des Stichprobenumfangs kann aufgrund der Gesetze der großen Zahlen praktisch eine Gewißheitssituation erreicht werden. Die in der Stichprobe enthaltene Information liefert den wahren Zustand ϑ_0 der Umwelt, Θ reduziert sich dadurch auf die einelementige Menge $\{\vartheta_0\}$; das Entscheidungsproblem wird zu einem reinen Minimierungsproblem [2].

Fall 2 ist Gegenstand der statistischen Entscheidungstheorie. Die Stichprobe enthält nur eine begrenzte Information über das wahre ϑ; diese Information muß durch ein geeignetes Verfahren aus der Stichprobe extrahiert werden. Die Kosten infolge von Informationsbeschaffung (= Vergrößerung des Stichprobenumfangs) müssen gegen die mögliche Reduzierung von Schäden abgewogen werden.

Da wir uns für diesen Fall 2 interessieren, müssen wir uns nun etwas ausgiebiger mit Stichproben beschäftigen. Folgende Symbolik wird verwendet: Der Stichprobenraum sei mit $\mathfrak{X}$, die Stichprobenvariable sei mit X, Realisationen von X seien mit x bezeichnet; der Stichprobenumfang sei n.

Zur Erläuterung von $\mathfrak{X}$, X, x und damit zusammenhängender Begriffe seien wiederum die Beispiele 1, 2, 3 betrachtet.

Zieht man in Beispiel 1 eine Stichprobe vom Umfang n, d. h. prüft man n Maschinenteile, und ist X_i die Indikatorvariable

$$X_i = \begin{cases} 1, & \text{falls das } i\text{-te geprüfte Maschinenteil defekt ist} \\ 0, & \text{sonst} \end{cases} \tag{1}$$

so ergibt sich zunächst die Stichprobenvariable

$$X = (X_1, X_2, \ldots, X_n) \tag{2}$$

mit den Realisationen $x = (x_1, x_2, \ldots, x_n)$ und dem Stichprobenraum

$$\mathfrak{X} = \{(x_1, x_2, \ldots, x_n) : x_i = 0 \text{ oder } 1 \; (i = 1, \ldots, n)\}. \tag{3}$$

Es erweist sich als zweckmäßig, von der n-dimensionalen Stichprobenvariablen (2) zu der eindimensionalen Stichprobenvariablen

$$X = \sum_{i=1}^{n} X_i \tag{4}$$

überzugehen [3]; X gibt die Anzahl der defekten Maschinenteile in der Stich-

[1] Z. B. bei wirtschaftsstatistischen Zeitreihen, bei der Erprobung von Medikamenten an einer kleinen Anzahl geeigneter Patienten usw....

[2] Letzteres gilt natürlich auch dann, wenn der Stichprobenumfang zwar nicht beliebig vergrößert werden kann, jedoch auch bei einem kleinen Stichprobenumfang ein sicherer (d. h. deterministischer) Rückschluß auf das wahre ϑ möglich ist.

[3] Wie in 6.2 gezeigt wird, ist dieser Übergang ohne Informationsverlust durchführbar.

probe an. Der zugehörige Stichprobenraum ist

$$\mathfrak{X} = \{0, 1, 2, \ldots, n\} \tag{5}$$

Die Wahrscheinlichkeitsverteilung über dem Stichprobenraum (5) ist im Fall der Stichprobe mit Zurücklegen eine Binomialverteilung, besitzt also die Wahrscheinlichkeitsfunktion

$$f(x \mid \vartheta) = W_\vartheta (X = x) = \binom{n}{x} \vartheta^x (1-\vartheta)^{n-x}, \quad x = 0, 1, \ldots, n \tag{6}$$

Im Fall der Stichprobe ohne Zurücklegen ist die Wahrscheinlichkeitsverteilung eine hypergeometrische Verteilung und besitzt demnach die Wahrscheinlichkeitsfunktion

$$f(x \mid \vartheta) = W_\vartheta (X = x) = \frac{\binom{1000\,\vartheta}{x}\binom{1000 - 1000\,\vartheta}{n-x}}{\binom{1000}{n}} \tag{7}$$

Die Wahrscheinlichkeitsverteilung über $\mathfrak{X}$ ist jeweils durch den Parameter ϑ eindeutig fixiert.

In Beispiel 3 liegen die Verhältnisse völlig analog. Die Indikatorvariable

$$X_i = \begin{cases} 1, & \text{falls die } i\text{-te befragte Person} \\ & \text{das Produkt } P' \text{ dem Produkt } P \text{ vorzieht} \\ 0, & \text{sonst} \end{cases}$$

nimmt mit der Wahrscheinlichkeit ϑ (bzw. $1-\vartheta$) den Wert 1 (bzw. 0) an. Wiederum ergibt sich zunächst die Stichprobenvariable (2) mit dem Stichprobenraum (3) und empfiehlt sich der Übergang zu (4) bzw. (5); die Wahrscheinlichkeitsverteilung über $\mathfrak{X}$ ist ebenfalls durch (6) bzw. (7) gegeben (wobei in (7) die Zahl 1000 durch die Gesamtzahl der in Frage kommenden Personen zu ersetzen ist).

Wird in Beispiel 2 die Abriebfestigkeit des i-ten Teststücks mit X_i bezeichnet, so erhält man die Stichprobenvariable $X = (X_1, X_2, \ldots, X_n)$ und den Stichprobenraum $\mathfrak{X} = \mathbb{R}^n$. Im Gegensatz zu Beispiel 1 und Beispiel 3 erweist sich hier die Angabe einer Wahrscheinlichkeitsverteilung über $\mathfrak{X}$ als etwas problematisch. Wir müssen uns zunächst über die Natur von ϑ Gedanken machen.

Wäre die Abriebfestigkeit eine Konstante, so könnte man diese durch die Untersuchung eines einzigen Teststücks ermitteln; unser Entscheidungsproblem wäre trivial, denn aufgrund einer Stichprobe vom Umfang 1 könnte eine Fehlentscheidung mit Sicherheit vermieden werden. Infolge der unvermeidbaren Qualitätsschwankungen bei den benötigten Rohstoffen und der Produktionsunregelmäßigkeiten wird man bei der Prüfung von n Teststücken i. a. n verschiedene Werte für die Abriebfestigkeit messen. Die Abriebfestigkeit ist infolgedessen nicht als eine Konstante, sondern als eine Zufallsvariable aufzufassen.

Für die Interpretation der in Beispiel 2 eingeführten Größe ϑ gibt es demnach die Möglichkeiten:

a) Man faßt ϑ als Zufallsvariable bzw. als die zugehörige Wahrscheinlichkeitsverteilung auf; dies hat den Nachteil, daß Θ eine ziemlich komplizierte Menge ist, und die Schadensfunktion schwierig anzugeben ist (die Bedingung $\vartheta \leqq \vartheta_0$ wäre z. B. noch zu präzisieren).

b) Man faßt ϑ als einen für die Zufallsvariable „Abriebfestigkeit" repräsentativen Parameter auf.

Wir wollen die zweite dieser Möglichkeiten in Betracht ziehen und ϑ speziell als Erwartungswert der Zufallsvariablen „Abriebfestigkeit" auffassen. Damit ist durch ϑ zwar der Erwartungswert, jedoch noch nicht die Wahrscheinlichkeitsverteilung der Stichprobenvariablen X festgelegt. Wir wollen hier voraussetzen, daß die X_i $(i = 1, \ldots, n)$ aufgrund der Erfahrungen mit dem bisher benutzten Material (approximativ) als normalverteilte Zufallsvariable mit der Varianz 1 angenommen werden können, und daß sie unabhängige Zufallsvariablen sind [1]. Infolge dieser Annahme ist die Wahrscheinlichkeitsverteilung von X eindeutig durch ϑ festgelegt; sie besitzt die Dichte

$$f(x \mid \vartheta) = \left(\frac{1}{\sqrt{2\pi}}\right)^n \exp\left[-\frac{1}{2}\sum_{i=1}^{n}(x_i - \vartheta)^2\right].$$

Gemeinsam ist diesen Beispielen 1, 2, 3, sowie allen später behandelten Situationen, daß die Wahrscheinlichkeitsverteilung der Stichprobenvariablen X durch ϑ eindeutig festgelegt ist und somit aus der Kenntnis einer Realisation x von X ein statistischer Rückschluß auf ϑ möglich ist.

Vom pragmatischen Standpunkt aus interessiert jedoch nicht der wahre Zustand ϑ der Umwelt, sondern die zu treffende Entscheidung d. Sobald man — wie hier unterstellt — die Möglichkeit besitzt, eine Realisation der Stichprobenvariablen X zu beobachten, so wird man die zu treffende Entscheidung d natürlich nicht aufs Geratewohl aus D auswählen, sondern vom beobachteten x abhängen lassen. D. h. aufgrund einer geeigneten Vorgehensweise wird man jeder potentiellen Information $x \in \mathfrak{X}$ eine Entscheidung d aus D zuordnen. Die Aufgabe der statistischen Entscheidungstheorie besteht darin, aus der Vielzahl von Vorgehensweisen, d. h. aus der Vielzahl von statistischen Verfahren, die geeigneten zu bestimmen.

---

[1] Auf die Notwendigkeit und Problematik einer derartigen Festlegung werden wir noch mehrmals eingehen (vgl. 5.1 und das Beispiel von 2.2). Es leuchtet wohl ein, daß eine derartige Festlegung nicht vom Statistiker am „grünen Tisch" vorgenommen werden kann, sondern von der jeweiligen Substanzwissenschaft (hier von der Technik) her determiniert sein muß.

Es sei abschließend erwähnt, daß in den Fällen, in denen der Stichprobenumfang nicht fest vorgegeben ist (vgl. 5.1), zu den primär gegebenen Entscheidungen $d \in D$ noch sogenannte Fortsetzungsentscheidungen hinzukommen, die sich auf die Gewinnung weiterer Informationen beziehen. So könnte für Beispiel 1 das eingesetzte statistische Verfahren vorschreiben, daß zuerst 5 Maschinenteile zu prüfen sind und daß je nach dem Ergebnis dieser Prüfung entweder eine der Entscheidungen d_0, d_1 zu treffen ist oder (wenn das Ergebnis nicht eindeutig genug für eine dieser beiden Entscheidungen ausfällt), daß weitere Beobachtungen gemacht werden. Diese letztere Entscheidung ist eine Fortsetzungsentscheidung. Im Gegensatz zu den Fortsetzungsentscheidungen bezeichnet man die Entscheidungen d aus D als Terminalentscheidungen.

1.4 Die Schadensfunktion

Einige Bemerkungen zur Schadensfunktion erscheinen bereits hier angebracht, denn mit diesem Begriff freunden sich Anwender statistischer Verfahren erfahrungsgemäß sehr ungern an:

1) Sobald die Konsequenzen der möglichen Entscheidungen (in Abhängigkeit der verschiedenen Zustände der Umwelt) völlig unbekannt oder unkalkulierbar sind, können die verschiedenen Entscheidungen als gleich gut bzw. gleich schlecht angesehen werden; folglich müssen auch die verschiedenen statistischen Verfahren (deren Anwendung zu den Entscheidungen führt) als gleich gut bzw. gleich schlecht angesehen werden. Eine sinnvolle Suche nach einem „optimalen" statistischen Verfahren ist also erst möglich, wenn eine Schadensfunktion angegeben wird, die der realen Entscheidungssituation — wenigstens approximativ — angepaßt ist.
2) Ist der Stichprobenumfang n selbst Gegenstand von Optimierungsbetrachtungen, so erweitert man den Argumentbereich der Schadensfunktion um eine zusätzliche Variable, nämlich den Stichprobenumfang. Ein Beispiel: Addiert man zur bisherigen Schadensfunktion $s(\vartheta, \mathrm{d})$ die Kosten $c(n)$ der Ziehung einer Stichprobe vom Umfang n, so erhält man die Schadensfunktion
$$\bar{s}(\vartheta, \mathrm{d}, n) = s(\vartheta, \mathrm{d}) + c(n)$$
3) Positiv lineare Transformationen der Schadensfunktion $\bar{s}$ lassen das statistische Entscheidungsproblem unverändert[1], d. h. die Rangfolge der verschiedenen statistischen Verfahren ist unabhängig davon, ob die Schadensfunktion $\bar{s}$ oder die Schadensfunktion $a\bar{s}+b$ zugrundegelegt wird ($a > 0$, b beliebig). Bei der Angabe der Schadensfunktion braucht man sich also keinerlei Gedanken über die gewählte Maßeinheit zu machen.

[1] Dies ergibt sich aus den Eigenschaften der Risikofunktion (vgl. 3.1).

Dasselbe gilt von $s(\vartheta, d)$, sobald der Stichprobenumfang fest gegeben ist. Wegen der Festlegung der numerischen Werte der Schadensfunktion beachte man jedoch Abschnitt 4.1.

2 Verschiedene Auffassungen von Statistik

2.1 Statistische Probleme als Entscheidungsprobleme

Im ersten Paragraphen wurde erwähnt, daß sich die statistische Entscheidungstheorie mit Entscheidungssituationen beschäftigt, bei denen der Entscheidung eine Informationsbeschaffung mittels einer Stichprobe vorausgeht. Offensichtlich lassen sich auch die Fragestellungen der klassischen (schließenden) Statistik als derartige Entscheidungssituationen auffassen:

Bei einem *Signifikanztest* entscheidet man sich (aufgrund der Stichprobe) entweder für d_1 (= Ablehnung der Nullhypothese) oder für d_0 (= Stimmenthaltung; die Nullhypothese wird weder abgelehnt noch angenommen). Eine Entscheidung für d_1 bedeutet, daß man die statistische Behauptung aufstellt, die Nullhypothese sei falsch. Es ist $D = \{d_0, d_1\}$.

Bei einem *Alternativtest* entscheidet man sich entweder für d_0 (= Annahme der Hypothese H_0) oder für d_1 (= Annahme der Hypothese H_1). Es ist $D = \{d_0, d_1\}$.

Bei einem *Mehrentscheidungsproblem* (z. B. Diskriminanzanalyse) entscheidet man sich für eine von mehreren Hypothesen. Bei k Hypothesen ist $D = \{d_1, d_2, \ldots, d_k\}$.

Bei der *Schätzung* eines Parameters ϑ entscheidet man sich für einen bestimmten Wert (und stellt damit die Behauptung auf, dieser Wert sei der wahre Parameterwert). D stimmt mit dem Parameterraum Θ überein.

Bei der Angabe von *Konfidenzintervallen* entscheidet man sich für ein Intervall (das behauptungsgemäß den wahren Parameter enthält). D besteht aus einer Menge von Intervallen.

Die Fragestellungen der Statistik haben demnach folgenden gemeinsamen Kern:

Aufgrund der Kenntnis einer Stichprobenrealisation x des Stichprobenraumes $\mathfrak{X}$ soll eine Entscheidung d des Entscheidungsraumes D getroffen werden.

Erfahrungsgemäß begegnet man einer Reihe verschiedener Auffassungen von Statistik. Wir wollen hier einige Auffassungen diskutieren, die zwar nicht in der Literatur, jedoch bei Anwendern häufig angetroffen werden. Durch diese Diskussion kann das Verständnis für die statistische Entscheidungstheorie gefördert werden. Die hier gewählte Darstellungsweise beschränkt sich jeweils nur auf den wesentlichen Kern; möglicherweise erscheinen die Auffassungen deshalb etwas extrem.

2.2 Drei Auffassungen von Statistik

1. Auffassung von Statistik:
Die statistische Fragestellung ist bereits durch die Angabe der Stichprobenrealisation x und des Entscheidungsraumes D völlig präzisiert, d. h. aufgrund der Kenntnis von x kann eine optimale Entscheidung d_* aus D ausgewählt werden.

Nach dieser Auffassung braucht man dem Statistiker nur x und D mitzuteilen und bekommt von ihm eine optimale Entscheidung d_* geliefert. Die Statistik hat also die Funktion eines Trichters, in den man oben die Daten x und D hineinschüttet und aus dem unten die optimale Entscheidung herausfällt.

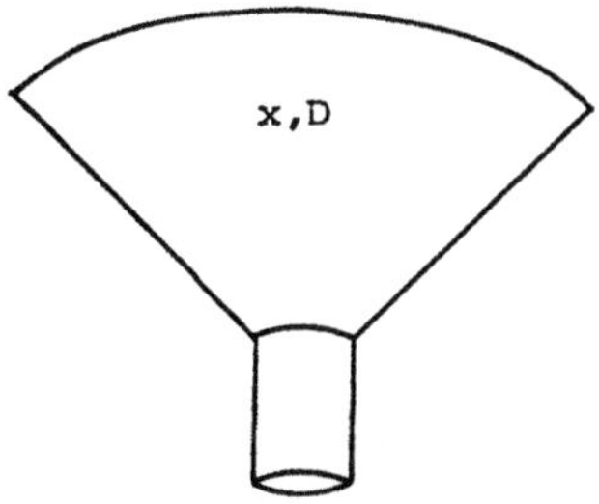

optimale Entscheidung d_*

Fig. 3

Der Leser wird diese Auffassung hoffentlich nicht teilen, denn sie ist völlig unzutreffend.

Aufgrund der Kenntnis einer Stichprobenrealisation ist nämlich keinerlei Aussage über die Güte einer speziellen Entscheidung möglich. So kann bei der Parameterschätzung aufgrund der Stichprobenrealisation nicht beurteilt werden, wie nahe der Schätzwert bei dem wahren Parameterwert liegt. Denn wenn man dies könnte, wäre es eine falsche Bescheidenheit, den Schätzwert nur „in die Nähe" des wahren Parameterwertes zu legen; man wäre ja dann durch geeignete Korrektur jederzeit in der Lage, den wahren Wert genau zu treffen. Es liegt auf der Hand, daß keine Stichprobenrealisation soviel Information enthalten kann.

Die Idee, man könnte die Güte der getroffenen Entscheidung beurteilen, wird vermutlich durch Fehlinterpretationen beim Testen von Hypothesen suggeriert, so z. B. durch Formulierungen wie die folgende: „Die getroffene Entscheidung ist mit einer Wahrscheinlichkeit von 0,95 richtig."

Nimmt man diese Formulierung wörtlich, so ist sie falsch, denn die getroffene Entscheidung ist entweder richtig oder falsch, d. h. die Wahrscheinlichkeit für ihre Richtigkeit ist entweder 1 oder 0 (nur weiß man nicht, ob 1 oder 0). Diese Formulierung ist eben nicht wörtlich zu verstehen, sondern lediglich als Kurzfassung dafür, daß bei dem benutzten *statistischen Verfahren* die Wahrscheinlichkeit für eine richtige Entscheidung 0,95 beträgt.

Damit sind wir auf einen Begriff gestoßen, der für die folgenden Ausführungen von zentraler Bedeutung ist, nämlich auf den Begriff des statistischen Verfahrens. Ein statistisches Verfahren δ ist eine Vorschrift, die jeder möglichen Stichprobenrealisation $x \in \mathfrak{X}$ eine der möglichen Entscheidungen $d \in D$ zuordnet; δ ist also eine auf dem Stichprobenraum definierte Funktion:

$$\delta : \mathfrak{X} \rightarrow D$$

In der statistischen Entscheidungstheorie bezeichnet man δ auch als *statistische Entscheidungsfunktion.*

Der Einsatz einer statistischen Entscheidungsfunktion δ ist höchst einfach; beobachtet man x, so entscheidet man sich für $\delta(x)$. Die Schwierigkeit liegt nicht im Einsatz, sondern in der Konstruktion geeigneter statistischer Entscheidungsfunktionen.

Durch die Darstellung der ersten Auffassung sollte verdeutlicht werden, daß man nicht die Güte der getroffenen Entscheidung, sondern nur die Güte des angewandten statistischen Verfahrens beurteilen kann.

Die folgende Auffassung stellt somit einen gewissen Fortschritt gegenüber der ersten Auffassung dar.

2. Auffassung von Statistik:

Die statistische Fragestellung ist bereits durch die Angabe des Stichprobenraumes $\mathfrak{X}$ und des Entscheidungsraumes D präzisiert, und zwar in dem Sinne, daß ein optimales statistisches Verfahren δ_* angegeben werden kann.

Mittels des bei der ersten Auffassung benutzten Bildes kann man die Funktion, die der Statistik nach der zweiten Auffassung zukommt, folgendermaßen veranschaulichen:

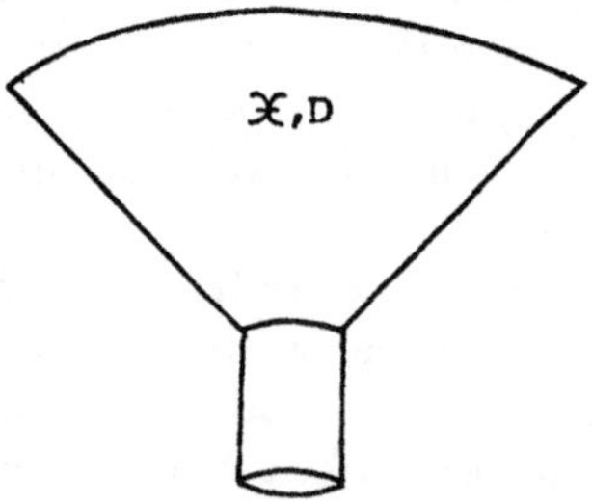

Fig. 4

Bei dieser Auffassung wird zwar eingeräumt, daß die Güte derjenigen Entscheidung $\delta_*(x)$, die aus dem Einsatz des optimalen Verfahrens δ_* resultiert, selbst nicht mehr beurteilbar ist; dennoch ist diese Auffassung ebenfalls unzutreffend.

Es ist eigentlich erstaunlich, daß diese Auffassung relativ weit verbreitet ist. Denn mittels $\mathfrak{X}$ und D kann offenbar nur die *Gesamtheit* aller für das Problem denkbaren statistischen Verfahren definiert werden; aus der alleinigen Kenntnis von $\mathfrak{X}$ und D können jedoch keinerlei Kriterien zur Beurteilung der einzelnen Verfahren abgeleitet werden.

Eine Beurteilung der statistischen Verfahren wird offenbar erst dann möglich, wenn weitere Daten vorliegen. Welches die fehlenden Daten sind, und wer diese Daten zu liefern hat, wird im Rahmen der statistischen Entscheidungstheorie — die wir als vierte Auffassung der Statistik besprechen werden — ausführlich erläutert.

Es ist zweckmäßig, vorher noch eine dritte Auffassung von Statistik zu schildern, bei der die Fehler der beiden ersten Auffassungen vermieden werden.

Da nach dieser Auffassung — wie sogleich ersichtlich — die Statistik eine logisch recht unbefriedigende Disziplin ist, gab sie indirekt den Anstoß zur Entwicklung der statistischen Entscheidungstheorie.

3. Auffassung von Statistik:

Die statistische Fragestellung ist durch die Angabe des Stichprobenraumes $\mathfrak{X}$ und des Entscheidungsraumes D noch nicht soweit präzisiert, daß ein optimales Verfahren ermittelt werden kann. Eine weitergehende Präzisierung ist jedoch nicht möglich, denn jetzt beginnt die Willkür des Statistikers, der sich eines der im Laufe der Zeit ersonnenen Prinzipien aussuchen kann. Aufgrund des ausgewählten Prinzips berechnet der Statistiker ein Verfahren δ und bietet dieses als optimal an.

Diese Auffassung herrschte in den zwanziger und dreißiger Jahren vor und hat auch heute noch viele Anhänger. Sie wird verständlicher, wenn wir uns einige dieser Prinzipien vor Augen führen.

Für die Parameterschätzung:

a) Man wähle eine konsistente Schätzfunktion
b) Man wähle eine erwartungstreue Schätzfunktion
c) Man wähle eine Maximum-Likelihood-Schätzfunktion
d) Man wähle eine Schätzfunktion nach der Methode der kleinsten Quadrate aus

usw.

Für den Hypothesentest:

e) Man wähle einen unverfälschten Test

f) Man wähle einen Likelihood-Quotiententest

usw.

Diese Prinzipien zeichnet aus, daß sie entweder [wie c), d), f)] intuitiv einsichtig und vertrauenserweckend sind, oder daß sie [wie a), b), e)] Eigenschaften für das ausgewählte Verfahren garantieren.

Sieht man sich die aufgeführten Prinzipien genauer an, so erkennt man, daß neben der Willkür in der Auswahl eines der Prinzipien noch Raum für weitere Willkür ist.

1) In der Regel genügen jedem dieser Prinzipien zahlreiche Verfahren, so daß willkürlich oder durch zusätzliche ad hoc Kriterien ein bestimmtes Verfahren ausgesondert werden muß.
2) Die Klasse derjenigen Verfahren, die einem der Prinzipien genügen, hängt entscheidend davon ab, welche Wahrscheinlichkeitsverteilungen über dem Stichprobenraum in Betracht gezogen werden. Manche der Prinzipien sind erst dann anwendbar [wie das Maximum-Likelihood-Prinzip bei der Parameterschätzung], wenn die Klasse der in Betracht gezogenen Wahrscheinlichkeitsverteilungen hinreichend detailliert spezifiziert ist.

Die unter 2) angesprochene Problematik der Festlegung einer Klasse von Verteilungen über dem Stichprobenraum $\mathfrak{X}$ kann auch durch die statistische Entscheidungstheorie nicht beseitigt werden und ist deshalb der dritten Auffassung nicht als Negativum anzulasten. Es gibt statistische Fragestellungen, bei denen diese Festlegung zwangsläufig gegeben ist (wie bei der Schätzung der Wahrscheinlichkeit eines bestimmten Ereignisses) und Fragestellungen, bei denen für die Auswahl lediglich gewisse Argumente sprechen (so kann etwa der zentrale Grenzwertsatz eine Normalverteilungsannahme nahelegen).

Daß die Festlegung einer Klasse von Verteilungen über $\mathfrak{X}$ i. allg. unumgänglich ist und somit ein konstituierendes Element statistischer Fragestellungen darstellt, wurde bereits in 1.3 angedeutet und durch folgendes Beispiel nochmals aufgezeigt.

Beispiel:

Bei der Schätzung der Parameter α, β eines linearen Regressionsmodells geht man davon aus, daß sich die Werte X_i der abhängigen Variablen additiv zusammensetzen aus einem systematischen Teil $\alpha+\beta z_i$ (wobei z_i fest vorgegeben ist) und einer Störvariablen U_i

$$X_i=\alpha+\beta z_i+U_i \qquad (i=1,\ldots,n)$$

Bezeichnen wir die Stichprobenvariable mit $X=(X_1,\ldots,X_n)$ und die Realisationen mit $x=(x_1,\ldots,x_n)$, so lautet das Problem:

Aufgrund der Kenntnis von $x \in \mathfrak{X}$ muß auf den wahren Wert (α, β) des (zweidimensionalen) Parameters geschlossen werden.

In diesem Beispiel ist die Verteilung über $\mathfrak{X}$ (neben α, β) durch die Verteilung von $(U_1, U_2, \ldots, U_n)$ bestimmt. Macht man keinerlei Annahme über die Verteilung der Störvariablen U_i, so sagt die Gleichung

$$X_i = \alpha + \beta z_i + U_i$$

nichts über (α, β) aus, da man X_i selbstverständlich als Summe von irgendeiner Größe und einem Rest U_i darstellen kann. Selbst wenn n beliebig groß wäre, d. h. wenn noch so viele Beobachtungen (z_i, x_i) vorliegen würden, könnte keine Aussage über (α, β) gemacht werden. Die Parameter α und β sind ohne Angabe über die möglichen Verteilungen der Störvariablen nicht identifizierbar.

Halten wir als Ergebnis dieses Paragraphen fest, daß man jede statistische Fragestellung [1] als statistische Entscheidungssituation auffassen kann, daß die Angabe der Stichprobenrealisation, des Stichprobenraumes und des Entscheidungsraumes keineswegs zur Präzisierung des Problems ausreichen und daß man i. allg. eine Annahme über die Klasse der über dem Stichprobenraum in Betracht zu ziehenden Verteilungsfunktionen benötigt.

3 Die Auffassung der statistischen Entscheidungstheorie

Die statistische Entscheidungstheorie wurde von *A. Wald* bereits in den vierziger Jahren entwickelt und in seinem 1950 erschienenen fundamentalen Buch „Statistical decision functions" zusammenhängend dargestellt.

Obwohl seitdem über zwei Jahrzehnte vergangen sind und die Theorie zahlreiche Verfeinerungen erfahren hat, ist sie vielen Praktikern und empirischen Forschern weitgehend unbekannt geblieben. Dies ist ohne Zweifel sowohl für den (statistischen) Theoretiker als auch für den Praktiker ein Nachteil. Gerade durch die statistische Entscheidungstheorie wird klargelegt, welche Rolle dem Theoretiker und welche Rolle dem Anwender zukommt und welcher Dialog bei jedem Anwendungsfall stattfinden sollte.

Eine Erkenntnis der statistischen Entscheidungstheorie wurde in § 2 bereits vorweggenommen, nämlich diejenige, daß sich alle statistischen Fragestellungen durch den Begriff der statistischen Entscheidungsfunktion erfassen lassen.

Diese Erkenntnis trug nicht nur zu einer Vereinheitlichung der bisher relativ isoliert behandelten statistischen Fragestellungen bei, sondern ermöglichte auch die Entwicklung einheitlicher Beurteilungsprinzipien für alle statistischen Verfahren.

---

[1] Die Fragestellungen der (rein konstatierenden) deskriptiven Statistik seien hier ausgeklammert.

Es wurde bereits darauf hingewiesen, daß nicht der *Einsatz* statistischer Verfahren, sondern die *Ermittlung geeigneter* statistischer Verfahren Schwierigkeiten bereitet.

Im folgenden wird erläutert:

a) welche Schwierigkeiten (abgesehen von mathematischen Schwierigkeiten, die wir zunächst ignorieren wollen) einer *Ermittlung* — ja sogar der *Definition* — eines optimalen statistischen Verfahrens entgegenstehen und
b) welche Lösungsvorschläge die statistische Entscheidungstheorie entwickelt hat.

Der Einfachheit halber wollen wir in diesem Paragraphen einen fest vorgegebenen Stichprobenumfang voraussetzen.

3.1 Die Risikofunktion

Um ein statistisches Verfahren δ beurteilen zu können, braucht man zunächst eine Angabe über die Konsequenzen von Fehlentscheidungen, oder genauer gesagt, eine Bewertung der Konsequenzen von Fehlentscheidungen. Diese Bewertung der Konsequenzen geschieht mittels der uns bereits bekannten Schadensfunktion s.

Bei gegebenem ϑ kann die Güte der einzelnen Entscheidungen durch die Schadensfunktion s eindeutig beurteilt werden: d ist (bez. ϑ) mindestens so gut wie d', wenn $s(\vartheta, \mathrm{d}) \leqq s(\vartheta, \mathrm{d}')$ gilt; d ist besser als d', wenn $s(\vartheta, \mathrm{d}) < s(\vartheta, \mathrm{d}')$ gilt. Bei unbekanntem ϑ kann durch die Schadensfunktion s die Güte der einzelnen Entscheidungen i. allg. nicht mehr beurteilt werden, denn für zwei Entscheidungen d und d' kann die Schadensfunktion den in Fig. 5 gezeigten Verlauf haben (Θ wird hier und in den folgenden Figuren schematisch als Intervall dargestellt):

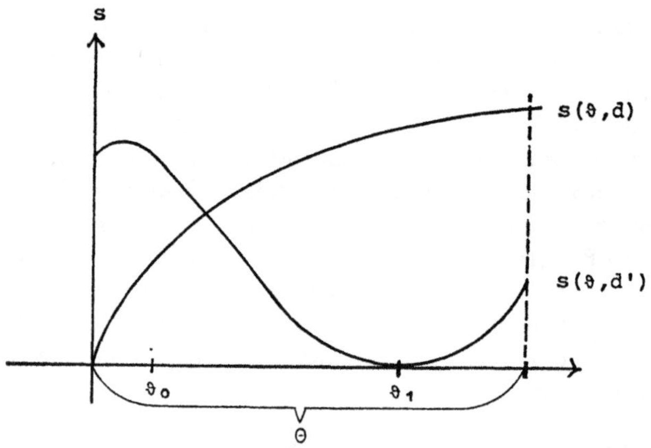

Fig. 5

Ist ϑ_0 der wahre Zustand, so ist d besser als d'; ist dagegen ϑ_1 der wahre Zustand, so ist d' besser als d. Da der wahre Zustand ϑ unbekannt ist, sind die beiden Entscheidungen d und d' nicht miteinander vergleichbar.

Man kann sogar davon ausgehen, daß je zwei Entscheidungen aus D unvergleichbar sind, denn von zwei vergleichbaren Entscheidungen würde man die schlechtere von vornherein aus D ausschließen.

Wie ist es um die Vergleichbarkeit der verschiedenen statistischen Verfahren δ bestellt?

Bei Einsatz von δ ist die zu treffende Entscheidung $\delta(X)$ eine Zufallsvariable, da die Stichprobenvariable X eine Zufallsvariable ist. Damit ist der bei Einsatz von δ entstehende Schaden $s(\vartheta, \delta(X))$ ebenfalls eine Zufallsvariable. Da Zufallsvariablen nicht ohne weiteres miteinander vergleichbar sind, ist der zunächst naheliegende Vorschlag undurchführbar, δ aufgrund des entstehenden Schadens zu beurteilen.

Die Situation sieht also zunächst noch ungünstiger aus als bei dem Vergleich von Entscheidungen: Selbst bei gegebenem ϑ sind je zwei Verfahren δ und δ' nicht ohne weiteres miteinander vergleichbar.

In Anbetracht dieser Schwierigkeit mag es als unnötige Komplizierung des Problems erscheinen, zusätzlich zu den primär zur Debatte stehenden Entscheidungen d die Verfahren δ einzuführen. Deshalb seien an dieser Stelle der weiteren Skizzierung der Theorie einige Bemerkungen über die Notwendigkeit der Betrachtung von statistischen Verfahren vorangestellt.

a) Ohne die Einführung statistischer Verfahren bleibt nur die (irrationale) Möglichkeit, die richtige bzw. eine zufriedenstellende Entscheidung zu erraten.

b) Sobald man die Stichprobeninformation verwerten will, d. h. sobald man die Auswahl der zu treffenden Entscheidung in irgendeiner Weise vom Stichprobenergebnis abhängen lassen will, muß man statistische Verfahren betrachten.

c) Es mag auf den ersten Blick als Vereinfachung wirken, wenn statt der Ermittlung eines geeigneten δ folgende zweistufige Vorgehensweise angewandt wird:

   1. Stufe: Aufgrund der Stichprobenrealisations wird ein Schätzwert $\hat{\vartheta}$ für ϑ ermittelt.

   2. Stufe: Diejenige Entscheidung wird ausgewählt, die bez. $\hat{\vartheta}$ zu dem minimalen Schaden führt.

   Diese Vorgehensweise reduziert zwar jedes statistische Entscheidungsproblem auf eine Schätzung und eine nachfolgende Minimierung; dennoch stellt sie ebenfalls nichts anderes dar als ein spezielles statistisches Verfahren. Ermittelt man den Schätzwert $\hat{\vartheta}$ durch die Anwendung eines aus der traditionellen Statistik geläufigen Standardschätzverfahrens, so wirkt die zweistufige Vorgehensweise besonders einfach; jedoch wird diese Einfachheit dadurch erkauft, daß das in der ersten Stufe angewandte Schätzverfahren unkritisch und ohne Vergleich mit anderen Schätzverfahren ausgewählt wird. Tatsächlich wird durch diese zweistufige Vorgehensweise aber keine Vereinfachung erreicht, da die in der ersten Stufe durchzuführende Schätzung die gesamte Problematik in sich verbirgt, die mit der Auswahl eines statistischen Verfahrens verbunden ist. Denn die Schätzung ist eine Zuordnungsvorschrift: $x \to \hat{\vartheta}$, die nur beurteilt werden kann, wenn man ganz Θ und die Schadensfunktion s in Betracht zieht.

Zur Verdeutlichung werde das Beispiel 2 von Abschnitt 1.2 betrachtet und unterstellt, daß eine Unterschätzung von ϑ gravierendere Konsequenzen als eine Überschätzung nach sich zieht. Ergibt bei obiger zweistufiger Vorgehensweise ein Standardschätzverfahren (z. B. das Stichprobenmittel) den Schätzwert $\hat{\vartheta}$ für ϑ, so wird man vorsichtshalber versucht sein, den Schätzwert $\hat{\vartheta}$ zu vergrößern und erst diesen vergrößerten Schätzwert $\hat{\hat{\vartheta}}$ für die Entscheidungsfindung zu benutzen. Die Vergrößerung stellt eine intuitive Berücksichtigung der Schadensfunktion dar. Die statistische Entscheidungstheorie nimmt dagegen die Schadensfunktion „ernster“, versucht diesen „Sicherheitszuschlag“ (von $\hat{\vartheta}$ zu $\hat{\hat{\vartheta}}$) rational zu begründen und aus der Schadensfunktion und den anderen Daten zu ermitteln.

Da es offenbar keine logisch befriedigende Möglichkeit der Umgehung statistischer Verfahren gibt, wollen wir uns nach diesen Bemerkungen nun wieder mit dem Problem der Vergleichbarkeit verschiedener statistischer Verfahren beschäftigen. In der statistischen Entscheidungstheorie behebt man die Schwierigkeit, daß selbst bei fest gegebenem ϑ zwei Verfahren nicht ohne weiteres miteinander vergleichbar sind, durch Übergang vom zufallsabhängigen Schaden $s(\vartheta, \delta(X))$ zu dem Erwartungswert des Schadens. D. h. man beurteilt δ nach seinem Schadenserwartungswert [1])

$$E_\vartheta\, s(\vartheta, \delta(X))$$

Es gibt eine Reihe von Gründen, die dafür sprechen, den Schaden und damit auch das Verfahren δ aufgrund dieses Erwartungswertes zu beurteilen (vgl. hierzu auch 4.1). Diese Beurteilungsweise ist intuitiv recht einsichtig, denn von einem „guten“ Verfahren δ wird man verlangen, daß der Schaden „klein“ ausfallen wird; sobald der Schaden „klein“ ausfallen wird, ist auch der Schadenserwartungswert „klein“:

[1]) Der Index ϑ bei E_ϑ besagt, daß der Erwartungswert bez. der durch ϑ festgelegten Verteilung zu bilden ist.

Den Schadenserwartungswert bezeichnet man als *Risikofunktion* $r(\vartheta, \delta)$ des Verfahrens δ:

$$r(\vartheta, \delta) = E_\vartheta\, s(\vartheta, \delta(X))$$

Die Risikofunktion ist also relevant für die Beurteilung des Verfahrens δ.

Bei spezieller Wahl der Schadensfunktion s stimmt die Risikofunktion mit traditionellen Beurteilungsgrößen überein, die aus der klassischen Statistik bekannt sind. Bewertet man z. B. bei der Parameterschätzung die Diskrepanz zwischen dem wahren Parameterwert und dem Schätzwert mit dem Quadrat des Abstandes, so stimmt die Risikofunktion einer erwartungstreuen Schätzfunktion mit der Varianz überein (vgl. hierzu die Aufgaben aus 3.5).

3.2 Optimale statistische Verfahren

Wäre die Risikofunktion eines statistischen Verfahrens δ von ϑ unabhängig, also nur eine von δ abhängende Zahl, so könnten wir unser Problem bereits jetzt als gelöst betrachten; man könnte alle Verfahren miteinander vergleichen, das Verfahren mit dem geringsten Risiko ermitteln und hätte somit das optimale Verfahren gefunden.

Es liegt in der Natur der Sache und kompliziert natürlich das Problem, daß die Risikofunktion außer vom Verfahren δ auch noch vom unbekannten Zustand ϑ abhängt. Zu zwei Verfahren δ und δ' erhält man i. allg. Risikofunktionen, die einen Verlauf wie die Schadensfunktion in Fig. 5 haben. D. h. die verschiedenen Verfahren sind i. allg. nicht miteinander vergleichbar.

Damit haben wir zwar formal die gleichen Schwierigkeiten wie bei der reinen Ungewißheitssituation: Jetzt sind zwei statistische Verfahren i. allg. nicht vergleichbar, vorher waren zwei Entscheidungen i. allg. nicht vergleichbar. Allerdings haben wir jetzt ein weitaus umfangreicheres Arsenal an Alternativen zur Verfügung, denn die einzelnen Entscheidungen d entsprechen ganz speziellen Verfahren. Die Entscheidung $\mathrm{d} \in \mathrm{D}$ entspricht nämlich dem folgendermaßen definierten Verfahren:

$$\delta(x) = \mathrm{d} \quad \text{für alle } x \in \mathfrak{X},$$

also dem speziellen Verfahren δ, das (unabhängig von der Stichprobenrealisation x) stets die Entscheidung d vorschreibt. Wir wollen derartige Verfahren als „Rateverfahren“ bezeichnen, da die Entscheidung praktisch geraten wird. Man wird vermuten, daß ein Verfahren gefunden werden kann, das (in einem noch zu präzisierenden Sinne) den reinen Rateverfahren vorzuziehen ist.

Ein Verfahren δ_*, das innerhalb einer Klasse Δ von Verfahren für jedes ϑ ein geringeres (oder höchstens gleiches) Risiko als alle anderen Verfahren aus Δ besitzt, heißt ein (bez. Δ und Θ) *gleichmäßig bestes* Verfahren.

Nach Fig. 6 ist δ_3 ein gleichmäßig bestes Verfahren in $\Delta = \{\delta_1, \delta_2, \delta_3\}$

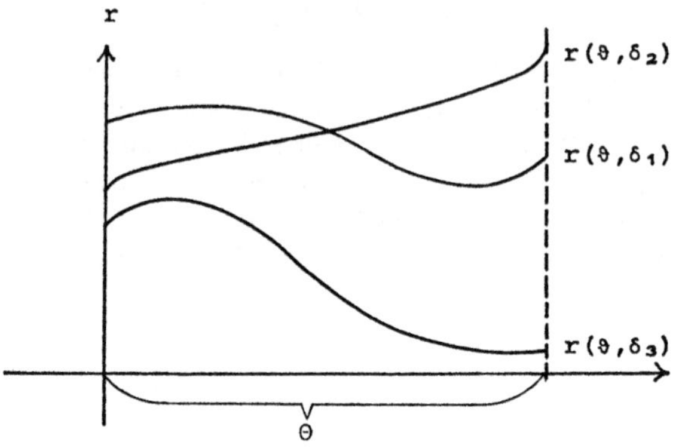

Fig. 6

Um von einem gleichmäßig besten Verfahren sprechen zu können, benötigt man also neben der Risikofunktion r noch die Angabe der Menge Θ der Zustände der Umwelt und die Klasse Δ der zur Konkurrenz zugelassenen Verfahren.

Man kann sich an folgendem Extremfall leicht klarmachen, daß kein gleichmäßig bestes Verfahren existiert, sobald Δ zu umfassend gewählt wird: Enthält Δ alle Rateverfahren, so müßte ein gleichmäßig bestes Verfahren *für jedes* ϑ mit völliger Sicherheit die jeweils beste Entscheidung treffen; es liegt auf der Hand, daß eine Stichprobe (abgesehen von trivialen Fällen) nicht soviel Informationen enthalten kann.

Man muß also — um die Chance zu erhalten, daß ein gleichmäßig bestes Verfahren existiert — die Klasse Δ in geeigneter Weise einschränken.

Diese Einschränkung geschieht bei der Parameterschätzung oft dadurch, daß man die Erwartungstreue fordert oder nur lineare Verfahren in Betracht zieht; beim Hypothesentest fordert man meist die Unverfälschtheit (vgl. 6.4) der Testverfahren. In Situationen, bei denen Θ von der jeweiligen Substanzwissenschaft nicht zwingend vorgegeben ist, wie etwa im Beispiel von 2.2, versucht man auch durch Einschränkung von Θ die Existenz eines gleichmäßig besten Verfahrens zu erreichen.

Damit ist eine gewisse Klärung der Entscheidungssituation gewonnen, insbesondere die Erkenntnis, daß es überhaupt nicht selbstverständlich ist, von einem *optimalen* statistischen Verfahren zu reden. Selbstverständlich wäre dies nur, wenn die Auswahl von Θ problemlos wäre und wenn in der Klasse *aller* statistischen Verfahren ein gleichmäßig bestes Verfahren existieren würde.

3.3 Kriterien für die Auswahl statistischer Verfahren

In dem letzten Abschnitt wurde bei der Suche nach einem optimalen Verfahren folgendes Dilemma deutlich:

Besteht die Klasse Δ der in Betracht gezogenen Verfahren aus allen denkbaren Verfahren, so existiert in Δ kein gleichmäßig bestes Verfahren. Im anderen Extremfall, daß Δ nur aus einem einzigen Verfahren besteht, existiert natürlich noch ein gleichmäßig bestes Verfahren, nämlich dieses einzige Verfahren; die Aussage, daß ein gleichmäßig bestes Verfahren existiert, ist in diesem Falle ziemlich wertlos. Will man sie dadurch aufwerten, daß man in Δ weitere konkurrierende Verfahren aufnimmt, so muß man — um die Existenz eines gleichmäßig besten Verfahrens zu sichern — die Menge Θ i. allg. stark einschränken. Geht diese Einschränkung von Θ über das sachlich gerechtfertigte Maß hinaus [1], so wird die angestrebte Aufwertung der Aussage durch die willkürliche Einschränkung von Θ wieder zunichte gemacht.

Kann demnach in einer konkreten Anwendungssituation Θ nicht als soweit eingeschränkt angenommen werden, daß in einer hinreichend umfangreichen Klasse Δ ein gleichmäßig bestes Verfahren existiert, so ist durch die Angabe von Θ, D, s und Δ die statistische Fragestellung noch immer nicht soweit präzisiert, daß ein „optimales" Verfahren resultiert. In dieser Lage sind im wesentlichen drei Alternativen denkbar:

a) Man kann das Problem als unlösbar und eine „statistische Auswertung" als undurchführbar ansehen.
b) Man kann diejenigen Verfahren aus Δ entfernen, die offensichtlich zu schlecht sind [2], und die verbleibenden Verfahren als „zufriedenstellend" und für die Anwendung als gleichwertig ansehen.
c) Man stellt an ein „optimales" Verfahren nicht die strenge Forderung, daß es das gleichmäßig beste Verfahren sein muß, sondern verwendet ein gröberes Optimalitätskriterium.

Die statistische Entscheidungstheorie zieht die zweite und vor allem die dritte dieser Alternativen in Betracht.

Die bei b) vorgenommene Reduktion von Δ auf die „zufriedenstellenden" Verfahren ist unter dem Stichwort „Konstruktion einer vollständigen Klasse (von zulässigen Verfahren)" bekannt und wird uns in § 9 beschäftigen.

Gröbere Optimalitätskriterien, die bei c) verwandt werden, sind etwa das Bayes-Kriterium, das Minimax-Kriterium, das Minimax-Regret-Kriterium, das Hodges-Lehmann-Kriterium usw. Das Bayes-Kriterium und das Mini-

---

[1] Dies ist nur im Dialog mit dem Anwender zu klären.

[2] D. h. man entfernt z. B. diejenigen Verfahren δ, für die ein δ' aus Δ existiert, dessen Risiko überall geringer ist als das von δ.

max-Kriterium werden in § 7 bzw. § 8 ausführlich behandelt; wegen der anderen Kriterien vergleiche man etwa *Schneeweiß* [1967].

Gemeinsam ist diesen (und vielen anderen denkbaren) Optimalitätskriterien, daß jedem Verfahren δ, d. h. jeder Risikofunktion $r(\vartheta, \delta)$, durch das Kriterium K eine nur von δ abhängende Zahl $K(\delta)$ als Beurteilungsgröße zugeordnet wird. Aufgrund der zugeordneten Beurteilungsgröße kann man die Verfahren miteinander vergleichen. Als optimal (im Sinne des Kriteriums K) wird dasjenige Verfahren δ_* bezeichnet, desen Beurteilungsgröße $K(\delta_*)$ am günstigsten ist [1].

Es ist klar, daß diese Zuordnung einer Beurteilungsgröße eine Vergröberung darstellt, denn eine Funktion kann nicht ohne Informationsverlust durch eine einzige Zahl repräsentiert werden.

Die erwähten Optimalitätskriterien haben folgende Eigenschaft:

Ist $r(\vartheta, \delta) \leqq r(\vartheta, \delta')$ für alle $\vartheta \in \Theta$, so ist $K(\delta)$ günstiger als $K(\delta')$.

Diese Eigenschaft, daß das Kriterium mit der natürlichen Halbordnung verträglich ist, wird man als Minimalforderung an alle vernünftigen Optimalitätskriterien stellen.

So benutzt z. B. das Minimax-Kriterium das Maximum [2] der Risikofunktion als Beurteilungsgröße:

$$K(\delta) = \max_{\vartheta \in \Theta} r(\vartheta, \delta)$$

Je kleiner $K(\delta)$, desto besser ist das Verfahren δ. Ein Verfahren δ_* heißt dementsprechend optimal im Sinne des Minimax-Kriteriums (oder kurz *Minimax-Verfahren*), wenn

$$K(\delta_*) = \min_{\delta \in \Delta} K(\delta),$$

oder ausführlicher

$$\max_{\vartheta \in \Theta} r(\vartheta, \delta_*) = \min_{\delta \in \Delta} \max_{\vartheta \in \Theta} r(\vartheta, \delta)$$

gilt. Bei einem Minimax-Verfahren fällt also der maximal zu erwartende Schaden geringer aus als bei den anderen Verfahren.

Das Minimax-Kriterium wird neben dem Bayes-Kriterium am häufigsten verwandt, da aus der Spieltheorie einige Methoden zur Berechnung von Minimax-Verfahren bereitstehen.

Durch die Angabe eines Optimalitätskriteriums K wird das statistische Problem auf ein reines Optimierungsproblem reduziert (dessen Lösung allerdings auf erhebliche mathematische Schwierigkeiten stoßen kann).

---

[1] Je nach Kriterium muß $K(\delta_*)$ maximal oder minimal sein.

[2] Zur Erklärung der Bezeichnung „Minimax-Kriterium“ sei hier darauf verzichtet, das „Maximum“ durch das korrekte „Supremum“ zu ersetzen.

Die Angabe eines Optimalitätskriteriums bringt außerdem den Vorteil, daß sowohl Θ als auch Δ kaum eingeschränkt werden müssen (um die Existenz eines optimalen Verfahrens zu sichern).

Welches Optimalitätskriterium im Einzelfall zugrunde gelegt werden sollte, kann nur mit dem Anwender zusammen geklärt werden [1].

3.4 Einige Bemerkungen zur Verwendbarkeit der statistischen Entscheidungstheorie

Bis auf einige später zu besprechende Erweiterungen [Einbeziehung mehrstufiger Verfahren, Verwendung randomisierter Verfahren] ist die Auffassung der statistischen Entscheidungstheorie bereits in ihren wesentlichen Grundzügen dargelegt.

Zur völligen Präzisierung einer statistischen Fragestellung sind danach die sechs Daten

die Menge Θ der Zustände der Umwelt (= Klasse von Wahrscheinlichkeitsverteilungen über dem Stichprobenraum)
der Entscheidungsraum D
die Schadensfunktion s
der Stichprobenraum $\mathfrak{X}$
die Klasse Δ der zur Konkurrenz zugelassenen Verfahren
das Optimalitätskriterium K

erforderlich.

Im Vergleich zu den in § 2 geschilderten Auffassungen müssen nach Auffassung der statistischen Entscheidungstheorie wesentlich mehr Daten in den „Trichter" geschüttet werden, damit ein optimales Verfahren aus ihm herausfallen kann.

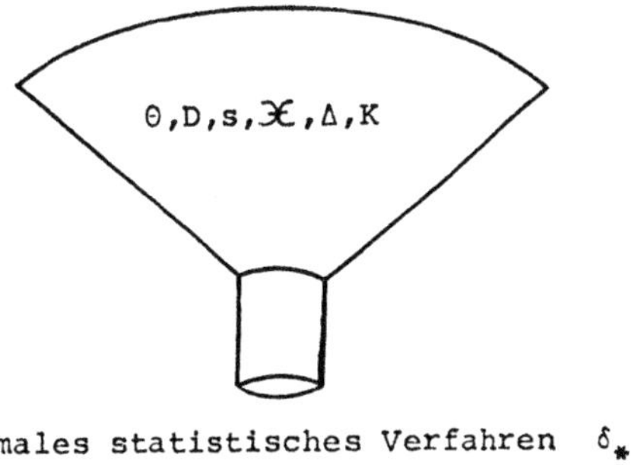

Fig. 7

[1] Ist der Anwender z. B. sehr risikoscheu, so ist das Minimax-Kriterium wohl am geeignetsten.

Die statistische Entscheidungstheorie zeigt auf, daß für eine Reihe erforderlicher Daten nicht der Statistiker, sondern der Anwender die kompetente Stelle ist. Dies hat ihr den Vorwurf eingebracht, sie wälze (bis auf die Lösung eines Optimierungsproblems) alle Schwierigkeiten vom Statistiker auf den Anwender über.

Es muß eingeräumt werden, daß es illusorisch ist, allein vom Anwender die Angabe aller erforderlichen Daten Θ, D, s, $\mathfrak{X}$, Δ, K zu erwarten; über diese Daten kann vermutlich nur im Dialog zwischen dem Anwender und dem Statistiker eine gewisse Klärung erreicht werden.

Ist der Anwender aber nicht in der Lage (außer vielleicht über $\mathfrak{X}$ und D) Angaben zu diesen Daten zu machen, so kann man auch nicht von einer Lösung des gestellten statistischen Entscheidungsproblems reden. Da sich beispielsweise durch alternative Bewertungen von Fehlentscheidungen die Rangfolge statistischer Verfahren ändern kann, ist — etwas überspitzt ausgedrückt — die Frage nach dem optimalen statistischen Verfahren ohne gleichzeitige Angabe der Bewertungen noch eine sinnlose Frage.

Zur Zeit ist die Lage jedoch die folgende:

Sobald man einem Anwender (sowohl aus der Praxis oder aus dem universitären Bereich) erklären will, welche Daten zur Präzisierung der statistischen Fragestellung eigentlich erforderlich wären, bleiben meist nur zwei Alternativen:

Man fragt z. B. nach der Schadensfunktion und der Anwender kommt nie wieder [1].

Der Anwender besteht (ohne über obige Daten reden zu wollen) auf der Bekanntgabe eines „optimalen“ Verfahrens.

Diese zweite Alternative trägt zu keinem Fortschritt bei; sie zwingt den Statistiker, irgendeines der (zum Teil aus historischen Gründen) etablierten Verfahren aus der Mottenkiste zu ziehen, das der Anwender dann im Glauben einsetzt, sein Verfahren δ sei optimal; meist ist er auch noch in dem Glauben, die getroffene Entscheidung $\delta(x)$ sei optimal.

Nach diesen etwas überspitzten Bemerkungen wollen wir uns nun abschließend den Fragestellungen der empirischen Forschung zuwenden. Das Ziel der empirischen Forschung ist die Gewinnung von Aussagen über die „wahren Gesetzmäßigkeiten“. Stellt man das reine Erkenntnisziel in den Vordergrund und wertet man alle Aussagen als gleichermaßen unzutreffend, die lediglich eine Approximation der „wahren Gesetzmäßigkeiten“ darstellen, so unterstellt man damit eine Schadensfunktion der folgenden Form: Der Schaden ist Null bzw. Eins, wenn man aufgrund des Beobachtungsmaterials die wahren Gesetzmäßigkeiten erkannt bzw. nicht erkannt hat.

---

[1] Dies ist ein bewährtes Abwehrmittel überlasteter Statistiker.

Da eine gute Approximation ebenfalls von erheblichem praktischen Nutzen sein kann, erscheint eine differenzierte Schadensfunktion allerdings zweckmäßiger.

Die von der klassischen Statistik überbetonten asymptotischen Optimalitätskriterien (Konsistenz, asymptotische Effizienz usw.) sind dann eine sinnvolle Ergänzung der statistischen Entscheidungstheorie, wenn der Stichprobenumfang hinreichend vergrößert werden kann. Während dies in den naturwissenschaftlichen Disziplinen i. allg. als erfüllt gelten kann, ist die empirische Basis und damit die Erkenntnissituation in den wirtschafts- und sozialwissenschaftlichen Disziplinen wegen der mangelnden Experimentiermöglichkeiten als ausgesprochen unbefriedigend anzusehen. Infolgedessen ist eine stärkere Betonung des entscheidungstheoretischen Gesichtspunktes gerade in den letztgenannten Disziplinen angebracht. In der Tat scheint sich hier allmählich die Tendenz zu verstärken, daß die — ohnehin kaum zu beantwortende — Frage nach den „wahren Gesetzmäßigkeiten" in den Hintergrund tritt gegenüber der pragmatischeren Frage, was bei gegebenen Konsequenzen von Fehlentscheidungen und gegebenen Kosten für die Informationsbeschaffung zweckmäßigerweise zu tun ist.

Der Nutzen der statistischen Entscheidungstheorie ist unter anderem darin zu sehen,

daß eine kritische Reflexion über die Möglichkeiten eines Rückschlusses von empirischem Beobachtungsmaterial auf Theorien oder Hypothesen gefördert wird und

daß einer mißbräuchlichen Benutzung von Feststellungen wie z. B. „es ist wissenschaftlich bewiesen" oder „es ist wissenschaftlich widerlegt" vorgebeugt wird.

Zur Erläuterung dieser letzten Punkte sei daran erinnert, daß die Empiriker ohne Zuhilfenahme unüberprüfter oder unüberprüfbarer Annahmen zu ihren Aussagen über die „wahren Gesetzmäßigkeiten" gelangen wollen. Die statistische Entscheidungstheorie verdeutlicht, daß dieser Anspruch i. allg. nicht aufrechtgehalten werden kann, denn die vernünftige Auswahl eines statistischen Verfahrens ist erst dann möglich, wenn gewisse a priori Annahmen gemacht werden; die statistische Überprüfung dieser a priori Annahmen erfordert weitere a priori Annahmen usw. So zeigt bereits das Beispiel der linearen Regression (vgl. Ende des Abschnitts 2.2), daß ein Rückschluß von den Beobachtungsdaten auf die Regressionskoeffizienten erst dann möglich wird, wenn eine Annahme über die Wahrscheinlichkeitsverteilung der Störvariablen gemacht wird. Infolge des rasch zunehmenden Bestandes an statistischen Verfahren und der wachsenden Komplexität der benutzten mathematischen Hilfsmittel besteht die Gefahr, daß dieser einfache Sachverhalt nicht hinreichend klar erkannt wird.

3.5 Aufgaben

Aufgabe 1:

Ein eindimensionaler Parameter ϑ sei unter Zugrundelegung der quadratischen Schadensfunktion

$$s(\vartheta, \mathrm{d}) = (\vartheta - \mathrm{d})^2$$

zu schätzen. Man berechne die Risikofunktion einer für ϑ erwartungstreuen Schätzfunktion δ.

Lösung:

Definitionsgemäß ist

$$r(\vartheta, \delta) = E_\vartheta\, s(\vartheta, \delta(X)).$$

Speziell für die quadratische Schadensfunktion ist dann

$$r(\vartheta, \delta) = E_\vartheta [\vartheta - \delta(X)]^2.$$

Ist δ erwartungstreu, d. h.

$$E_\vartheta\, \delta(X) = \vartheta \text{ für alle } \vartheta \in \Theta,$$

so gilt weiter

$$r(\vartheta, \delta) = E_\vartheta [\delta(X) - E_\vartheta\, \delta(X)]^2 = \operatorname{var}_\vartheta \delta(X).$$

Demnach stimmt die Risikofunktion mit der Varianz der Schätzfunktion überein.

Aufgabe 2:

Es seien ϑ ein mehrdimensionaler Parameter, $\gamma(\vartheta)$ eine reellwertige Funktion von ϑ, und δ eine erwartungstreue Schätzfunktion für $\gamma(\vartheta)$. Man berechne bei Zugrundelegung der quadratischen Schätzfunktion die Risikofunktion von δ.

Lösung:

Entsprechend wie bei Aufgabe 1 ergibt sich

$$r(\vartheta, \delta) = E_\vartheta [\gamma(\vartheta) - \delta(X)]^2 = E_\vartheta [\delta(X) - E_\vartheta\, \delta(X)]^2 = \operatorname{var}_\vartheta \delta(X).$$

Die Risikofunktion stimmt also in diesem Fall wiederum mit der Varianz überein.

Aufgabe 3:

Der Erwartungswert μ einer normalverteilten Zufallsvariablen werde bei einem Stichprobenumfang n durch das Stichprobenmittel $\delta(x) = \bar{x}$ geschätzt; die Varianz σ^2 sei unbekannt. Man bestimme unter Zugrundelegung der quadratischen Schadensfunktion die Risikofunktion von δ.

Lösung:

Die Wahrscheinlichkeitsverteilung der Stichprobenvariablen X wird durch den zweidimensionalen Parameter $\vartheta = (\mu, \sigma^2)$ eindeutig charakterisiert.

$$r(\vartheta, \delta) = E_\vartheta [\overline{X} - \mu]^2 = \mathrm{var}_\vartheta \overline{X} = \frac{\sigma^2}{n}.$$

Die Risikofunktion hängt also nur von der zweiten Komponente σ^2 des Parameters ϑ ab.

Aufgabe 4:

Zur Schätzung der Wahrscheinlichkeit ϑ eines Ereignisses werde speziell die Klasse $\Delta = \{\delta_{\mathrm{d}}(x) \equiv \mathrm{d},\ \mathrm{d} \in [0, 1]\}$ der Rateverfahren betrachtet; die Schadensfunktion sei quadratisch: $s(\vartheta, \mathrm{d}) = (\vartheta - \mathrm{d})^2$.

a) Man skizziere die Schar der zugehörigen Risikofunktionen.
b) Existiert in Δ ein gleichmäßig bestes Verfahren? Man bestimme ein Minimax-Verfahren in Δ.

Lösung:

a) $$r(\vartheta, \delta_{\mathrm{d}}) = E_\vartheta (\vartheta - \mathrm{d})^2 = (\vartheta - \mathrm{d})^2$$

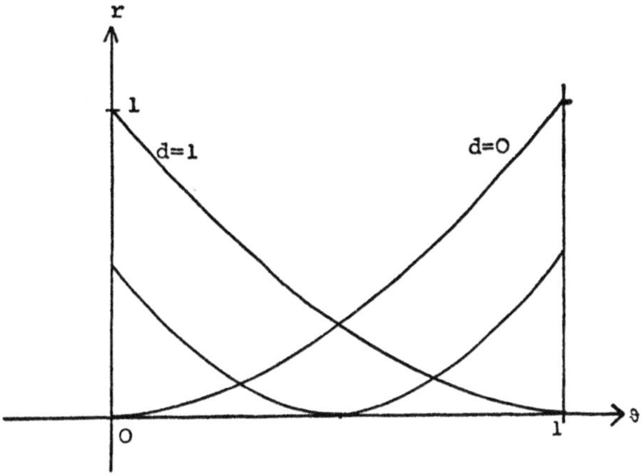

Fig. 8

b) In Δ existiert kein gleichmäßig bestes Verfahren, denn ein gleichmäßig bestes Verfahren müßte eine überall verschwindende Risikofunktion besitzen.
Da die Risikofunktionen konvex sind, nehmen sie ihr Maximum für $\vartheta = 0$ oder $\vartheta = 1$ an. Das kleinste aller Maxima besitzt die Risikofunktion von $\delta_{1/2}$; somit ist dieses Verfahren das Minimax-Verfahren in Δ.

Aufgabe 5:

Es sei wiederum die Wahrscheinlichkeit ϑ eines Ereignisses A zu schätzen; die Schadensfunktion s sei $s(\vartheta, \mathrm{d}) = (\vartheta - \mathrm{d})^2$. Die Schätzung muß auf der

Basis einer einzigen Beobachtung (es sei $X=1$ oder 0, je nachdem, ob A eintritt oder nicht) durchgeführt werden. Im Gegensatz zu Aufgabe 4 betrachten wir nun die Klasse Δ aller Schätzverfahren für ϑ. Man bestimme ein Minimax-Verfahren in Δ.

Um sonst erforderliche Fallunterscheidungen zu vermeiden, ist der Hinweis zu nutzen, daß für das Minimax-Verfahren δ_* gilt: $\delta_*(1)-\delta_*(0)=\frac{1}{2}$.

Lösung:

Ein beliebiges Schätzverfahren δ ist hier durch die beiden Werte $\delta(0)$ und $\delta(1)$ charakterisiert. Die Risikofunktion von δ ist

$$\begin{aligned} r(\vartheta,\delta) &= E_\vartheta[\vartheta-\delta(X)]^2=\vartheta[\vartheta-\delta(1)]^2+(1-\vartheta)[\vartheta-\delta(0)]^2 \\ &= \delta^2(0)+\vartheta[\delta^2(1)-2\delta(0)-\delta^2(0)]+\vartheta^2[1+2\delta(0)-2\delta(1)] \end{aligned}$$

Je nach Größe der Koeffizienten von ϑ und ϑ^2 ist das Maximum im Inneren von $[0, 1]$ oder am Rande zu suchen. Aufgrund des gegebenen Hinweises verschwindet für das Minimax-Verfahren der Koeffizient von ϑ^2. Da dieser Koeffizient verschwindet, wird das Maximum für $\delta(0)=\frac{1}{4}$ minimiert. δ_* besitzt die Funktionswerte: $\delta_*(0)=\frac{1}{4}$, $\delta_*(1)=\frac{3}{4}$; das Minimax-Verfahren im Bereich aller Schätzverfahren für ϑ ist somit

$$\delta_*(x)=\frac{1}{2}x+\frac{1}{4} \qquad (x=0 \text{ oder } 1).$$

Aufgabe 6:

Bei einem Testproblem sei zwischen den beiden Hypothesen H_0 und H_1 zu entscheiden. Die beiden Hypothesen mögen jeweils den Parameter ϑ betreffen; die Hypothese H_0 besage, daß der wahre Parameterwert ϑ in einer Teilmenge Θ_0 des Parameterraumes Θ lokalisiert ist, und H_1 besage, daß der wahre Parameterwert in $\Theta_1=\Theta-\Theta_0$ lokalisiert ist[1]. Es sei d_0 (bzw. d_1) die Annahme der Hypothese H_0 (bzw. H_1). Als Schadensfunktion werde die sog. „charakteristische Funktion des Irrtums"

$$s(\vartheta, d_0)=\begin{cases}0, & \text{falls } \vartheta\in\Theta_0 \\ 1, & \text{falls } \vartheta\in\Theta_1\end{cases}, \qquad s(\vartheta, d_1)=\begin{cases}1, & \text{falls } \vartheta\in\Theta_0 \\ 0, & \text{falls } \vartheta\in\Theta_1\end{cases}$$

zugrundegelegt. Für welche Parameterwerte stimmt die Risikofunktion eines Tests δ mit der Gütefunktion bzw. Operations-Charakteristik überein?

[1] Bei einem eindimensionalen Parameter ϑ ist Θ_0 meist durch $\vartheta\leqq\vartheta_0$ oder $\vartheta=\vartheta_0$ oder $|\vartheta-\vartheta_0|\leqq\varepsilon$ charakterisiert (vgl. hierzu auch 6.4).

Lösung:

Es ist

$$r(\vartheta, \delta) = E_\vartheta\, s(\vartheta, \delta(X)) = \begin{cases} W_\vartheta(\delta(X) = \mathrm{d}_1), & \text{für } \vartheta \in \Theta_0 \\ W_\vartheta(\delta(X) = \mathrm{d}_0), & \text{für } \vartheta \in \Theta_1 \end{cases}$$

Die Risikofunktion ist demnach mit der Irrtumswahrscheinlichkeit identisch. Da die Ablehnungswahrscheinlichkeit

$$W_\vartheta(\delta(X) = \mathrm{d}_1)$$

der Hypothese H_0 als Gütefunktion des Tests δ bezeichnet wird, stimmt die Risikofunktion auf Θ_0 mit der Gütefunktion überein. Da weiterhin die Annahmewahrscheinlichkeit

$$W_\vartheta(\delta(X) = \mathrm{d}_0)$$

der Hypothese H_0 als Operations-Charakteristik des Tests δ bezeichnet wird, stimmt die Risikofunktion auf Θ_1 mit der Operations-Charakteristik überein.

Aufgabe 7:

Es sei zwischen den Hypothesen $H_0: \vartheta \leqq \vartheta_0$ und $H_1: \vartheta > \vartheta_0$ über den Erwartungswert ϑ einer normalverteilten Zufallsvariablen, die die Varianz 4 besitzen möge, zu entscheiden. Es seien 16 Beobachtungen verfügbar und es werde folgendes Verfahren eingesetzt:

$$\delta(x) = \begin{cases} \mathrm{d}_0 = \text{Annahme von } \mathrm{H}_0, \text{ falls } \bar{x} = \frac{1}{16} \sum_{i=1}^{16} x_i \leqq \vartheta_0 \\ \mathrm{d}_1 = \text{Annahme von } \mathrm{H}_1, \text{ falls } \bar{x} \qquad\qquad > \vartheta_0 \end{cases}$$

Es liege ferner wie in Aufgabe 6 die Schadensfunktion

$$s(\vartheta, \mathrm{d}_0) = \begin{cases} 0, & \text{falls } \vartheta \leqq \vartheta_0 \\ 1, & \text{falls } \vartheta > \vartheta_0 \end{cases} \qquad s(\vartheta, \mathrm{d}_1) = \begin{cases} 1, & \text{falls } \vartheta \leqq \vartheta_0 \\ 0, & \text{falls } \vartheta > \vartheta_0 \end{cases}$$

zugrunde. Man bestimme die Risikofunktion von δ.

Lösung:

$$r(\vartheta, \delta) = \begin{cases} W_\vartheta(\bar{X} \leqq \vartheta_0), & \text{falls } \vartheta > \vartheta_0 \\ 1 - W_\vartheta(\bar{X} \leqq \vartheta_0), & \text{falls } \vartheta \leqq \vartheta_0 \end{cases}$$

Nun ist $\bar{X}$ eine normalverteilte Zufallsvariable mit dem Erwartungswert ϑ und der Varianz $\frac{4}{16} = \frac{1}{4}$, d. h. $2(\bar{X} - \vartheta)$ ist standardnormalverteilt.

Also ist

$$W_\vartheta(\bar{X} \leqq \vartheta_0) = W_\vartheta[2(\bar{X} - \vartheta) \leqq 2(\vartheta_0 - \vartheta)] = F(2\vartheta_0 - 2\vartheta),$$

wobei F die Verteilungsfunktion einer standardnormalverteilten Zufallsvariablen ist.

Somit lautet die Risikofunktion:

$$r(\vartheta, \delta) = \begin{cases} F(2\vartheta_0 - 2\vartheta), & \vartheta > \vartheta_0 \\ 1 - F(2\vartheta_0 - 2\vartheta), & \vartheta \leqq \vartheta_0 \end{cases}$$

Aufgabe 8:

Zur Entscheidung darüber, ob ein angelieferter Posten von 100 Spulen Stück für Stück geprüft werden soll oder ob die Spulen ungeprüft in die Elektromotoren eingesetzt werden können, geht ein Unternehmer folgendermaßen vor: Er prüft 2 der 100 Spulen und läßt nur dann alle restlichen 98 Spulen ungeprüft einsetzen, wenn keine der beiden geprüften Spulen defekt ist.

a) Man gebe den zugehörigen Entscheidungsraum D, den Stichprobenraum $\mathfrak{X}$ und das benutzte Verfahren δ als Funktion von $\mathfrak{X}$ in D an.

b) Es seien $\vartheta_0 = 2$ defekte Spulen in dem angelieferten Posten; mit welcher Wahrscheinlichkeit erzwingt das Verfahren eine Prüfung aller Spulen?

Lösung:

a) $D = \{d_0, d_1\}$, wobei d_1 der Prüfung aller restlicher 98 Spulen entspricht und d_0 bedeutet, daß die restlichen 98 Spulen nicht geprüft werden.
$\mathfrak{X} = \{(0, 0), (0, 1), (1, 0), (1, 1)\}$, dabei bedeutet z. B. (0, 1), daß die erste untersuchte Spule nicht defekt und die zweite defekt ist. Es ist vielfach üblich, von diesem Stichprobenraum durch Bildung der Komponentensumme zu $\mathfrak{X} = \{0, 1, 2\}$ überzugehen. Dabei wird implizit der Satz benutzt, daß man beim Übergang von der zweidimensionalen Zufallsvariablen $X = (X_1, X_2)$ zur eindimensionalen Zufallsvariablen $X_1 + X_2$ keine Information verschenkt. (In diesem Fall ist $X_1 + X_2$ eine sog. suffiziente Statistik.)
Für den zweidimensionalen Stichprobenraum $\mathfrak{X}$ ist

$$\delta(x) = \begin{cases} d_0, & \text{falls } x_1 + x_2 = 0 \\ d_1, & \text{falls } x_1 + x_2 > 0 \end{cases},$$

für den eindimensionalen Stichprobenraum ist

$$\delta(x) = \begin{cases} d_0, & \text{falls } x = 0 \\ d_1, & \text{falls } x > 0 \end{cases}$$

b) Die gesuchte Wahrscheinlichkeit ist

$$w = 1 - \frac{\binom{98}{2}\binom{2}{0}}{\binom{100}{2}} = 1 - \frac{98 \cdot 97}{100 \cdot 99} \approx 0{,}04$$

4 Beziehungen zu anderen Entscheidungstheorien

Entscheidungstheorien bzw. Entscheidungsmodelle werden üblicherweise nach der Anzahl der Zielsetzungen, nach der Struktur des Entscheidungsträgers (Gruppenentscheidungen, Teamentscheidungen) und nach dem Informationsstand (beim Fällen der Entscheidung) klassifiziert. Daneben gibt es noch die Klassifikation in statische und dynamische Modelle. Durch Einführung von Strategien bzw. Politiken können dynamische Entscheidungsmodelle formal auf statische Modelle zurückgeführt werden (was für praktische Zwecke i. allg. jedoch nicht empfehlenswert ist).

Bei der statistischen Entscheidungstheorie wird jedes Zusammentreffen eines Zustandes ϑ der Umwelt mit einer Entscheidung d durch die Schadensfunktion s mit $s(\vartheta, \mathrm{d})$ bewertet. Infolge der vorausgesetzten Existenz der Bewertung s ist es unerheblich, ob eine oder mehrere Zielsetzungen vorliegen, ob die Entscheidung d von einem Entscheidungsträger gefällt wird, oder ob sich mehrere Entscheidungsträger auf die Entscheidung d einigen müssen.

Von den oben angeführten Klassifikationsgesichtspunkten ist für die statistische Entscheidungstheorie lediglich der des Informationsstandes von Bedeutung.

Liegen keinerlei Kenntnisse darüber vor, welches der wahre Zustand ϑ der Umwelt ist, so wird durch das Tripel (Θ, D, s) eine Entscheidungssituation unter Ungewißheit beschrieben. (Θ, D, s) läßt sich als Zweipersonennullsummenspiel auffassen. Der erste Spieler, die Umwelt, ist ein fiktiver Spieler mit dem Strategienraum Θ; der zweite Spieler ist der Entscheidungsträger mit dem Strategienraum D; die Auszahlungsfunktion ist die Schadensfunktion, deren Werte den Gewinn des ersten Spielers und gleichzeitig den Verlust (oder Schaden) des zweiten Spielers angeben [1].

Wie bereits im Abschnitt 3.2 erwähnt, ist auch nach der Berücksichtigung von Stichprobenziehungen die Entscheidungssituation formal von der gleichen Struktur, denn (Θ, D, s) geht in das Zweipersonennullsummenspiel (Θ, Δ, r) über.

Bei diesem sogenannten *statistischen Spiel* (Θ, Δ, r) ist Spieler 1 wiederum der fiktive Spieler Umwelt, Spieler 2 der Statistiker, der die verschiedenen Verfahren δ aus Δ als Strategien zur Verfügung hat; die Auszahlungsfunktion ist die Risikofunktion r.

Da die statistische Entscheidungstheorie von der Theorie der Zweipersonennullsummenspiele nicht nur wesentliche Impulse erhalten, sondern auch Be-

---

[1] Wegen dieser in der Theorie der Zweipersonennullsummenspiele üblichen Festsetzung faßt man den Entscheidungsträger bzw. Statistiker nicht wie vielleicht naheliegender als ersten, sondern als zweiten Spieler auf.

griffe und Ergebnisse übernommen hat, werden wir uns in 4.2 mit Zweipersonennullsummenspielen beschäftigen.

Zuvor wollen wir noch auf eine Entscheidungssituation eingehen, die beim Übergang von der Schadensfunktion s zur Risikofunktion r von Bedeutung ist: Wie bereits in 3.1 bemerkt, ist bei festem ϑ der bei Einsatz des Verfahrens δ entstehende Schaden $s(\vartheta, \delta(X))$ eine Zufallsvariable. Somit entspricht bei festem ϑ die Entscheidung zwischen den verschiedenen Verfahren der Entscheidung zwischen den zugeordneten Zufallsvariablen.

Entscheidungssituationen, bei denen man sich zwischen Zufallsvariablen (deren Realisationen einen Gewinn oder Verlust bedeuten) entscheiden muß, bezeichnet man als *Risikosituationen.*

4.1 Das Bernoulli-Prinzip

In 3.1 hatten wir den zufallsabhängigen Schaden $s(\vartheta, \delta(X))$ kurzerhand nach seinem Erwartungswert beurteilt. Nun zeigt jedoch die alltägliche Erfahrung, daß zufallsabhängige Gewinne oder Verluste i. allg. nicht nach ihrem Erwartungswert beurteilt werden. So wird beim Zahlenlotto und bei anderen Glücksspielen die Teilnahme (mit negativem Erwartungswert von Gewinn minus Einsatz) häufig der Nichtteilnahme (mit Erwartungswert 0) vorgezogen.

Muß damit die (bei Berufung auf die Gesetze der großen Zahlen) naheliegende Beurteilung durch den Erwartungswert aufgegeben werden, und sind infolgedessen die Überlegungen des § 3 gegenstandslos?

Glücklicherweise nein, denn mittels des Bernoulli-Prinzips können sowohl obige empirischen Befunde erklärt werden als auch die Beurteilung durch den Erwartungswert aufrecht gehalten werden. Allerdings wird der Erwartungswert nicht unmittelbar von dem monetären Gewinn oder Verlust gebildet, sondern erst nach Transformation der monetären Beträge auf einen Maßstab, der die subjektive Wertschätzung der monetären Beträge für den Entscheidungsträger wiedergibt.

Genauer besagt das *Bernoulli-Prinzip* (für Gewinne):

Es gibt für den Entscheidungsträger eine Funktion $u: \mathbb{R} \to \mathbb{R}$, so daß von je zwei zufallsabhängigen Gewinnen G, G' genau dann G' dem Gewinn G vorgezogen wird, wenn

$$E\,u(G) < E\,u(G')$$

gilt.

D. h.: Die monetären Beträge können in einem subjektiven Maßstab (angegeben durch die Funktion u) derart gemessen werden, daß die Präferenzordnung zufallsabhängiger Gewinne gerade durch die natürliche Anordnung der Erwartungswerte der auf diesen Maßstab transformierten Zufallsvariablen erzeugt wird.

Die Funktion u heißt *Utility-* oder *Nutzenfunktion.*

Für Verluste oder Schäden lautet das Bernoulli-Prinzip analog:

Es gibt für den Entscheidungsträger eine Funktion $v: \mathbb{R} \to \mathbb{R}$, so daß von je zwei zufallsabhängigen Schäden, S, S' genau dann S' dem Schaden S vorgezogen wird, wenn

$$E\, v(S) > E\, v(S')$$

gilt [1].

Wir nehmen für das folgende an, daß unsere Schadensfunktion s bereits auf den durch v angegebenen Maßstab transformiert ist, so daß die zufallsabhängigen Schäden gemäß dem Bernoulli-Prinzip nach ihrem Erwartungswert beurteilt werden können.

Man könnte hier einwenden, daß das Bernoulli-Prinzip nur ein willkürlich aufgestelltes Prinzip sei und keine zwingende Notwendigkeit bestünde, es den weiteren Überlegungen zugrundezulegen.

Dieser Einwand ist richtig, denn die Gültigkeit des Bernoulli-Prinzips ist nicht a priori gegeben, sondern stellt eine Annahme dar. Allerdings ist diese Annahme recht naheliegend, denn das Bernoulli-Prinzip ist außerordentlich plausibel. Man kann zeigen, daß das Bernoulli-Prinzip gelten muß, wenn man überhaupt eine Präferenzordnung zwischen zufallsabhängigen Gewinnen oder Verlusten hat, und diese Präferenzordnung gewisse Postulate erfüllt, deren Rationalität unmittelbar einleuchtet, d. h. aus gewissen naheliegenden Axiomen folgt die Existenz einer bis auf positive lineare Transformationen eindeutigen Nutzenfunktion. Auf die Nutzenaxiomatik wollen wir nicht weiter eingehen; man vergleiche hierzu etwa *Neumann, Morgenstern* [1947, S. 617] oder auch *Schneeweiß* [1967, S. 73], *Borch* [1969, S. 46].

4.2 Das Zweipersonennullsummenspiel

Ein Zweipersonennullsummenspiel in Normalform wird durch ein Tripel (U, V, a) beschrieben, wobei die erste Komponente U der Strategienraum des Spielers 1, die zweite Komponente V der Strategienraum des Spielers 2 und die dritte Komponente a die Auszahlungsfunktion ist. Eine Partie des Spiels (U, V, a) besteht darin, daß Spieler 1 ein $u \in U$ und Spieler 2 unabhängig davon ein $v \in V$ auswählt; nach dieser Strategienwahl entsteht für Spieler 1

[1] Sobald man die Bewertung u für negative Gewinne hat, ist dadurch auch eine Bewertung v für Schäden gegeben: Ist u monoton wachsend und in der üblichen Weise durch $u(0)=0$ normiert, so werden Schäden durch u zwar negativ bewertet; wählt man jedoch $v(t)=-u(-t)$, $t \in \mathbb{R}$, so bewertet v (positive) Schäden auch positiv und erfüllt das Bernoulli-Prinzip (für Schäden).

der Gewinn $a(u, v)$ und für Spieler 2 gleichzeitig der Verlust $a(u, v)$.

Wegen weiterer Interpretationen und Motivationen sei auf die einschlägigen Lehrbücher verwiesen [z. B. *Neumann, Morgenstern*, 1947; *Burger*, 1966; *Vorobjoff*, 1967]. Wir wollen uns bei der folgenden Zusammenstellung auf Begriffe und Sätze beschränken, die für die statistische Entscheidungstheorie relevant sind.

Bayes-Strategien sind optimale Gegenstrategien gegen feste gegnerische Strategien:
$u_* \in U$ ist also Bayes-Strategie bez. $v \in V$, wenn

$$a(u_*, v) = \max_{u \in U} a(u, v)$$

gilt; entsprechend heißt $v_* \in V$ Bayes-Strategie bez. $u \in U$, wenn

$$a(u, v_*) = \min_{v \in V} a(u, v)$$

gilt.

Minimax-Strategien sind für Spieler 1 Strategien, bei deren Einsatz der minimal mögliche Gewinn maximal ausfällt und für Spieler 2 Strategien, bei deren Einsatz der maximal mögliche Verlust minimal ausfällt:
$u_* \in U$ heißt Minimax-Strategie für Spieler 1 im Spiel (U, V, a), wenn

$$\inf_{v \in V} a(u_*, v) = \max_{u \in U} \inf_{v \in V} a(u, v)$$

gilt; entsprechend heißt
$v_* \in V$ Minimax-Strategie für Spieler 2 im Spiel (U, V, a), wenn

$$\sup_{u \in U} a(u, v_*) = \min_{v \in V} \sup_{u \in U} a(u, v)$$

gilt.

Als *unteren Spielwert* des Spiels (U, V, a) bezeichnet man den Ausdruck

$$a_* = \sup_{u \in U} \inf_{v \in V} a(u, v)$$

als *oberen Spielwert* des Spiels (U, V, a) bezeichnet man

$$a^* = \inf_{v \in V} \sup_{u \in U} a(u, v)$$

Besitzt Spieler 1 eine Minimax-Strategie, so kann er durch ihren Einsatz erreichen, daß sein Gewinn mindestens a_* beträgt; entsprechend kann Spieler 2 durch Einsatz einer Minimax-Strategie erreichen, daß sein Verlust höchstens a^* beträgt.

Es läßt sich zeigen — was man bei dieser Namensgebung auch vermuten wird — daß der untere Spielwert höchstens gleich dem oberen Spielwert ist:

$$a_* \leqq a^*$$

Das Intervall $[a_*, a^*]$ wird als *Indeterminiertheitsintervall* bezeichnet.

Setzen beide Spieler eine Minimax-Strategie ein, so fällt der Gewinn des Spielers 1 (und der Verlust des Spielers 2) in das Indeterminiertheitsintervall.

Von besonderem Interesse ist der Fall, daß das Indeterminiertheitsintervall auf einen Punkt zusammenschrumpft: In diesem Fall ist bei Einsatz von Minimax-Strategien die Auszahlung eindeutig festgelegt (unabhängig davon, welche Minimax-Strategien von den beiden Spielern gewählt werden). Deshalb wird bei Bestehen der Gleichung $a_* = a^*$ das Spiel als *strikt determiniert* bezeichnet. Der gemeinsame Wert $a_* = a^*$ heißt *Spielwert*. Weiterhin hat ein strikt determiniertes Spiel die Eigenschaft, daß jedes Paar (u_*, v_*) von Minimax-Strategien einen *Sattelpunkt* bildet, d. h. es gilt:

$$a(u, v_*) \leqq a(u_*, v_*) \leqq a(u_*, v) \quad \text{für alle } u \in U,\ v \in V.$$

Setzt in einem strikt determinierten Spiel ein Spieler eine Minimax-Strategie ein, so kann der Gegner demnach nichts Besseres tun als selbst eine Minimax-Strategie einzusetzen.

Setzt in einem strikt determinierten Spiel etwa Spieler 1 keine Minimax-Strategie ein, so kann Spieler 2 durch Einsatz einer entsprechenden Bayes-Strategie erreichen, daß der Gewinn des Spielers 1 (und damit der eigene Verlust) kleiner als der Spielwert wird. Die analoge Aussage gilt bei Vertauschung der Rollen beider Spieler.

Aus den angegebenen Gründen wird es als rational erachtet, bei einem strikt determinierten Spiel Minimax-Strategien einzusetzen; man bezeichnet Minimax-Strategien in diesem Fall auch schlicht als *optimale* Strategien.

Über die Zusammenhänge zwischen der Existenz von Sattelpunkten und der strikten Determiniertheit gibt folgendes Sattelpunktkriterium Auskunft:

Satz 1: *a) Existiert ein Sattelpunkt, so ist das Spiel (U, V, a) strikt determiniert.*

b) Ist (U, V, a) strikt determiniert, so bildet jedes Paar (u_*, v_*) von Minimax-Strategien einen Sattelpunkt.

c) Ist (U, V, a) strikt determiniert und u_* eine Minimax-Strategie für Spieler 1, so sind alle Minimax-Strategien von Spieler 2 Bayes-Strategien bez. u_*. (Die analoge Aussage gilt bei Vertauschung der Rollen beider Spieler.)

Teil c) dieses Satzes wird in der statistischen Entscheidungstheorie zur Ermittlung von Minimax-Verfahren benutzt: Häufig kann aufgrund gewisser Kriterien (vgl. die Sätze 2—6) geschlossen werden, daß das statistische Spiel strikt determiniert ist; kann dann weiterhin eine Minimax-Strategie der Umwelt gefunden werden, so müssen zur Ermittlung eines Minimax-Verfahrens nicht mehr alle Strategien, sondern nur noch die Bayes-Strategien gegen diese Umwelt-Strategie durchgemustert werden.

Im Gegensatz zu dem bisherigen Konzept, daß jeder Spieler ein bestimmtes Element aus seinem Strategienraum auswählt, wird in der Spieltheorie und auch in der statistischen Entscheidungstheorie die Möglichkeit in Betracht gezogen, daß die Spieler sich ihre Strategien nach gewissen Verteilungsgesetzen durch einen Zufallsmechanismus auswählen lassen. Wahrscheinlichkeitsverteilungen über den Strategienräumen, gemäß denen man sich Strategien auswählen läßt, werden als *gemischte Strategien* bezeichnet; die bisher betrachteten Strategien werden zur Unterscheidung davon als *reine Strategien* bezeichnet, sie sind spezielle gemischte Strategien (bei denen mit Wahrscheinlichkeit 1 eine gewisse Strategie aus dem Strategienraum ausgewählt wird). Sind P bzw. Q Mengen von Wahrscheinlichkeitsverteilungen [1] über U bzw. V und ist die Auszahlungsfunktion — unter Berufung auf das Bernoulli-Prinzip — gemäß

$$a(p, q) = E_p\, E_q\, a(u, v), \quad p \in P, \quad q \in Q$$

auf $P \times Q$ erweitert, so heißt das Spiel (P, Q, a) eine *gemischte Erweiterung* von (U, V, a).

Nimmt man in P bzw. Q nur Wahrscheinlichkeitsverteilungen auf, die auf höchstens abzählbar vielen Punkten die Gesamtwahrscheinlichkeit konzentrieren, so erhält man die *diskrete gemischte Erweiterung* (P^D, Q^D, a) von (U, V, a).

Unter den verschiedenen Begründungen für die Einführung [2] gemischter Strategien (ideale Geheimhaltungsmöglichkeit der tatsächlich eingesetzten

---

[1] Aus maßtheoretischen Gründen verlangt man, daß P bzw. Q die Menge aller Wahrscheinlichkeitsverteilungen über einem fest vorgegebenen σ-Ring in U bzw. V ist; dabei läßt man jedoch nur solche σ-Ringe zu, die alle einpunktigen Mengen von U bzw. V enthalten und bez. deren Produkt-σ-Ring die Auszahlungsfunktion a meßbar ist.

[2] Es soll an dieser Stelle nicht verschwiegen werden, daß etliche Theoretiker und vor allem Praktiker Vorbehalte gegen die Verwendung gemischter Strategien haben. Es ist für die Praxis noch zu ungewohnt und läßt sich dementsprechend schlecht verkaufen, wenn ein Spieltheoretiker oder Statistiker als „Lösung“ eines Entscheidungsproblems dem Entscheidungsträger beispielsweise empfiehlt, mit der Wahrscheinlichkeit 1/17 seine erste Strategie und mit der Wahrscheinlichkeit 16/17 seine fünfte Strategie einzusetzen. Vom mathematischen Standpunkt aus ist es durchaus natürlich, eine Erweiterung auf die gemischten Strategien vorzunehmen, um dadurch die eventuell noch nicht vorhandene strikte Determiniertheit zu erzwingen. Parallelen zu dieser Vorgehensweise findet man in vielen Disziplinen der Mathematik, etwa in der Analysis und der Algebra, wo man erst durch Einführung „idealer“ Elemente die Gültigkeit gewisser Aussagen erzielt. Es sei an die Einführung der imaginären Einheit i zur Sicherung der Lösbarkeit der Gleichung $x^2 + 1 = 0$ erinnert; diese Erweiterung hat sich bekanntlich als ungemein fruchtbar erwiesen und ist aus der heutigen Alltagspraxis (etwa in der Elektrotechnik) nicht mehr wegzudenken.

Strategie usw.) ist die wichtigste diejenige, daß durch diese Erweiterung des Strategienarsenals i. allg. das Indeterminiertheitsintervall verkleinert wird; denn der untere Spielwert ist bei der gemischten Erweiterung i. allg. größer und der obere Spielwert i. allg. kleiner als beim Spiel in reinen Strategien. Viele indeterminierte Spiele besitzen eine strikt determinierte Erweiterung.

Zur Entscheidung über die strikte Determiniertheit sind folgende Kriterien, die man auch als *Minimax-Theoreme* bezeichnet, von Nutzen.

a) Für Spiele in reinen Strategien wird das bekannteste Kriterium durch den Satz von *Bohnenblust-Karlin-Shapley* (1950) geliefert[1]:

Satz 2: *Sind beim Spiel (U, V, a) die Strategienmengen U, V konvexe und kompakte Teilmengen des $\mathbb{R}^n$ bzw $\mathbb{R}^m$ $(n, m$ beliebig), ist weiterhin die Auszahlungsfunktion a stetig auf $U \times V$, konkav in u bei festem v und konvex in v bei festem u, so ist das Spiel (U, V, a) strikt determiniert, und beide Spieler besitzen Minimax-Strategien.*

b) Für gemischte Erweiterungen wird das älteste Kriterium durch den Satz von *v. Neumann* (1928) geliefert:

Satz 3: *Sind im Spiel (U, V, a) sowohl U als auch V endlich, so ist die gemischte Erweiterung (P, Q, a) von (U, V, a) strikt determiniert, und beide Spieler besitzen Minimax-Strategien.*

c) Die im Satz von *v. Neumann* vorausgesetzte Endlichkeit beider Strategienmengen ist bei statistischen Spielen in der Regel nicht gegeben. So ist bei den in § 1 geschilderten Beispielen 2 und 3, in der die Umwelt jeweils einen Parameter „kontrolliert", der Strategienraum Θ eine unendliche Menge.

Die für die Zwecke der statistischen Entscheidungstheorie erforderliche Verallgemeinerung des Satzes 3 wurde im wesentlichen von *Wald* geleistet. Zur Formulierung der Hauptergebnisse sind einige Vorbemerkungen erforderlich:

Der bei alternativem Einsatz von u_1 oder u_2 größtmögliche Auszahlungsunterschied ist

$$\sup_{v \in V} | a(u_1, v) - a(u_2, v) |$$

Faßt man diesen maximalen Auszahlungsunterschied als „Abstand" der beiden Strategien u_1 und u_2 auf und identifiziert man Strategien, die sich hinsichtlich ihrer Auszahlung nicht unterscheiden (d. h. den Abstand 0 haben), so wird die Strategienmenge U mit diesem Abstandsbegriff zu einem metrischen Raum. Analog wird die Strategienmenge V metrisiert.

[1] Vgl. z. B. *Burger* [1966].

Ein metrischer Raum heißt *bedingt kompakt*, wenn jede Folge (von Punkten des Raumes) eine Teilfolge enthält, die eine Cauchy-Folge ist.

Mit diesen Bezeichnungen gilt nach *Bierlein* [1967] folgende Verschärfung [1)] des von *Wald* [1950] angegebenen Minimax-Theorems:

Satz 4: *Ist bez. obiger Metrik eine der Strategienmengen des Spiels* (U, V, a) *bedingt kompakt, so ist die diskrete gemischte Erweiterung* (P^D, Q^D, a) *von* (U, V, a) *strikt determiniert.*

Die beiden abschließenden Sätze sind Folgerungen aus Satz 4.

Satz 5: *Ist* U *oder* V *endlich, so ist jede gemischte Erweiterung* (P, Q, a) *von* (U, V, a) *strikt determiniert.*

Satz 6: *Sind* U *und* V *kompakt bez. geeigneter Metriken (nicht notwendig bez. der oben definierten) und ist* a *auf* $U \times V$ *stetig, so ist die diskrete gemischte Erweiterung* (P^D, Q^D, a) *von* (U, V, a) *strikt determiniert.*

4.3 Aufgaben

Da Nutzenfunktionen nur bis auf positiv-lineare Transformationen festgelegt sind, normiert man sie üblicherweise durch $u(0)=0$ und $u(1)=1$ bzw. für Schäden $v(0)=0$, $v(1)=1$; diese Normierung wollen wir für die Aufgaben 1 und 2 voraussetzen.

Aufgabe 1:

Bei einer Lotterie, für die der Einsatz eine Geldeinheit beträgt, werde mit der Wahrscheinlichkeit $\frac{1}{a}$ der Betrag a $(a > 1)$ und mit der Wahrscheinlichkeit $1 - \frac{1}{a}$ der Betrag 0 gewonnen. Was kann man über die Nutzenfunktion eines Spielers aussagen, der für jedes $a > 1$ die Teilnahme der Nichtteilnahme vorzieht?

Lösung:

Der erwartete Nutzen des Gewinns ist

$$\frac{1}{a} u(a) + \left(1 - \frac{1}{a}\right) u(0) = \frac{1}{a} u(a)$$

Bei Nichtteilnahme ist der Nutzen $u(1) = 1$

[1)] Der ursprüngliche Satz von *Wald* besagt die strikte Determiniertheit einer weitergehenden gemischten Erweiterung (d. h. einer gemischten Erweiterung, bei der P bzw. Q mehr gemischte Strategien enthalten als P^D bzw. Q^D).

Aufgrund des Spielverhaltens ist nach dem Bernoulli-Prinzip:

$$\frac{1}{a}\, u(a) > 1 \text{ für alle } a > 1,$$

$$\text{also } u(a) > a$$

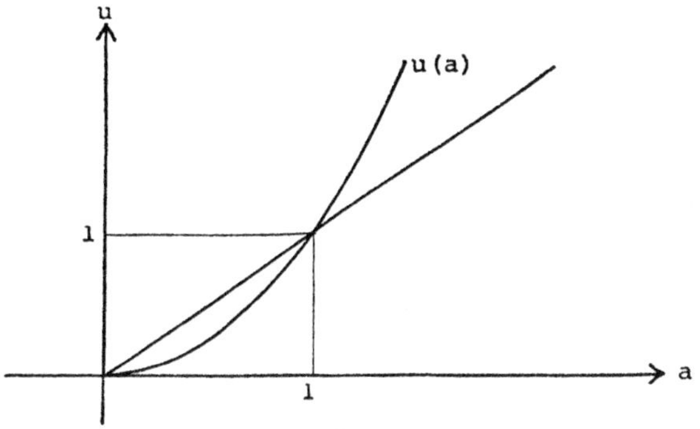

Fig. 9

Die Nutzenfunktion u verläuft für $a > 1$ oberhalb der Winkelhalbierenden. Die Konvexität folgt noch nicht aus obigem Verhalten. Man nimmt für Glücksspieler jedoch meist konvexe Nutzenfunktionen an, da sie die Risikosympathie geeignet wiedergeben.

Aufgabe 2:

Die Prämie für die Versicherung gegen ein Ereignis, das mit der Wahrscheinlichkeit $\frac{1}{a}$ $(a > 1)$ eintrete und dabei a Geldeinheiten Verdienstausfall verursache, betrage eine Geldeinheit. Was kann man über die Schadensbewertung v einer Person aussagen, die für jedes $a > 1$ die Versicherung der Nichtversicherung vorzieht?

Lösung:

Nach dem Bernoulli-Prinzip ist $v(1) < \frac{1}{a}\, v(a)$ für alle $a > 1$, also verläuft v für $a > 1$ oberhalb der Winkelhalbierenden. Für Versicherungsnehmer nimmt man in der Regel konvexe Schadensbewertungsfunktionen v an (vgl. Fig. 9), da hierdurch die Risikoaversion geeignet widergespiegelt wird.

Aufgabe 3:

Für ein Zweipersonennullsummenspiel (U, V, a) sei $U = \{u_1, u_2\}$, $V = \{v_1, v_2\}$ und die Auszahlungsfunktion a durch die Matrix

$$A = (a_{ij}) = \begin{pmatrix} 2 & -3 \\ -3 & 4 \end{pmatrix}$$

angegeben, wobei $a_{ij} = a(u_i, v_j)$ ist.

a) Ist das Spiel in reinen Strategien strikt determiniert?
b) Ist die gemischte Erweiterung strikt determiniert? Gegebenenfalls berechne man den Spielwert und für jeden Spieler eine (gemischte) Minimax-Strategie.

Lösung:

a) Das Spiel in reinen Strategien ist nicht strikt determiniert, da

$$-3 = a_* < a^* = 2 \text{ gilt.}$$

b) Die gemischte Erweiterung (P, Q, a) von (U, V, a) ist nach Satz 3 strikt determiniert; außerdem existiert nach Satz 3 für beide Spieler mindestens je eine Minimax-Strategie.
Sei $(p, 1-p)$ eine beliebige gemischte Strategie des Spielers 1; p bedeute dabei die Wahrscheinlichkeit für den Einsatz von u_1.

In Fig. 10 ist

$$\min_{v \in V} a[(p, 1-p), v]$$

als Funktion von p stark eingezeichnet.

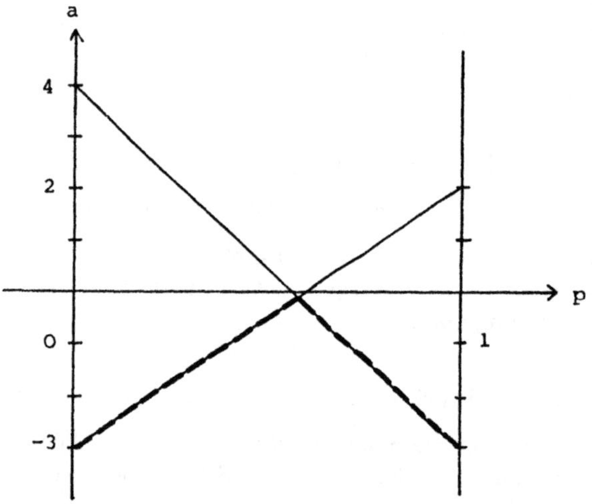

Fig. 10

Das Maximum ist bei $p_* = \frac{7}{12}$ und beträgt $-\frac{1}{12}$.

Somit ist $\left(\frac{7}{12}, \frac{5}{12}\right)$ eine Minimax-Strategie von Spieler 1 und $-\frac{1}{12}$ der Spielwert der gemischten Erweiterung; für Spieler 2 ermittelt man analog die Minimax-Strategie $\left(\frac{7}{12}, \frac{5}{12}\right)$.

Das Spiel wird als „Zwei-Finger-Morra“ bezeichnet, es besitzt folgende Interpretation und läßt sich als simples Gesellschaftsspiel verwenden:

Die beiden Spieler heben unabhängig voneinander einen oder zwei Finger. Stimmt bei beiden Spielern die Anzahl der gehobenen Finger überein, so bekommt Spieler 1, und andernfalls Spieler 2, soviele Geldeinheiten wie die Anzahl der insgesamt gehobenen Finger beträgt.

Aufgabe 4:

Beim Zweipersonennullsummenspiel (U, V, a) sei $U = V = \{1, 2, 3, 4, \ldots\}$ und a durch

$$a(u, v) = \frac{1}{u+v}$$

gegeben. Ist das Spiel in reinen Strategien strikt determiniert; besitzen beide Spieler Minimax-Strategien?

Lösung:

Es ist $\inf\limits_v a(u, v) = 0$ für jedes $u \in U$

und $\sup\limits_u a(u, v) = \frac{1}{1+v}$.

Damit ist $a_* = 0$ und $a^* = \inf\limits_v \frac{1}{1+v} = 0$;

das Spiel ist also strikt determiniert.

Spieler 1 besitzt nur Minimax-Strategien, denn jedes $u \in U$ garantiert ihm die Mindestauszahlung von $a_* = 0$; Spieler 2 besitzt keine Minimax-Strategie, denn für jedes v beträgt der Maximalverlust noch $\frac{1}{1+v} > 0$.

Aufgabe 5:

Beim statistischen Spiel (Θ, Δ, r) existiere in Δ ein gleichmäßig bestes Verfahren δ_*. Ist dann (Θ, Δ, r) strikt determiniert und besitzen beide Spieler Minimax-Strategien?

Lösung:

Es gelte also: $\inf\limits_\delta r(\vartheta, \delta) = r(\vartheta, \delta_*)$ für alle $\vartheta \in \Theta$.

Somit ist der untere Spielwert

$$\sup_\vartheta \inf_\delta r(\vartheta, \delta) = \sup_\vartheta r(\vartheta, \delta_*)$$

Da jeder spezielle Funktionswert mindestens so groß wie das Infimum ist, gilt weiter:

$$\inf_\delta \sup_\vartheta r(\vartheta, \delta) \leqq \sup_\vartheta r(\vartheta, \delta_*)$$

Hieraus folgt — da der untere Spielwert höchstens gleich dem oberen Spielwert sein kann — die Gleichheit des oberen und unteren Spielwerts; das Spiel (Θ, Δ, r) ist strikt determiniert.

Spieler 2 besitzt eine Minimax-Strategie, nämlich δ_*. Die Existenz einer Minimax-Strategie des ersten Spielers hängt von den speziellen Eigenschaften von Θ ab; sobald Θ kompakt und $r(\vartheta, \delta_*)$ stetig ist, existiert auch für Spieler 1 eine Minimax-Strategie.

Kapitel II

Detailliertere Darstellung der Theorie und einiger Ergebnisse

5 Die allgemeine Theorie

5.1 Die Daten des allgemeinen statistischen Entscheidungsproblems

Im ersten Kapitel wurde das Konzept der statistischen Entscheidungstheorie schrittweise erläutert und die sechs relevanten Daten Θ, D, s, $\mathfrak{X}$, Δ, K (vgl. 3.4) eingeführt. Der Anschaulichkeit halber war die Einführung dieser Daten bisher teils zu unpräzise, teils zu speziell gehalten.

So wurde ϑ in § 1 als Parameter aufgefaßt, den der Entscheidungsträger selbst nicht kontrollieren kann, der aber für die zu treffende Entscheidung von Bedeutung ist; d. h. ϑ wurde lediglich als Argumentvariable der Schadensfunktion aufgefaßt.

In § 3 wurde dagegen wesentlich benutzt (was in § 1 nur angedeutet wurde), daß ϑ die Wahrscheinlichkeitsverteilung über $\mathfrak{X}$ eindeutig bestimmt; denn erst diese Eigenschaft von ϑ ermöglicht die Einführung der Risikofunktion.

Für die mathematische Darstellung der Theorie erweist es sich am zweckmäßigsten, ϑ direkt als Wahrscheinlichkeitsverteilung über $\mathfrak{X}$ einzuführen. Damit ist die in § 3 benutzte Eigenschaft automatisch erfüllt. Diese Einführung von ϑ hat allerdings den Nachteil, daß der Anwender in der Regel überfordert ist, wenn er seine Schadensfunktion angeben soll; denn der Definitionsbereich $\Theta \times D$ ist das kartesische Produkt einer Klasse von Wahrscheinlichkeitsverteilungen mit der Menge D.

Damit bei einem praktischen Problem dem Anwender die Angabe der Schadensfunktion erleichtert wird, bietet sich die Vorgehensweise von § 1 an (vgl. Beispiel 2 von 1.2 und die nachfolgende Diskussion in 1.3): Zunächst wird ϑ als der für die Schadensfunktion relevante Parameter eingeführt (in Beispiel 2 die mittlere Abriebfestigkeit), erst dann wird durch eine zusätzliche Verteilungsannahme (z. B. Normalverteilung mit gegebener Varianz) erreicht, daß ϑ die Wahrscheinlichkeitsverteilung der Stichprobenvariablen X eindeutig bestimmt.

Vom mathematischen Standpunkt aus ist es natürlich äquivalent, ob ϑ direkt als Wahrscheinlichkeitsverteilung eingeführt wird und die Schadensfunktion s nur von einem (ein- oder mehrdimensionalen) Parameter dieser Verteilung abhängt oder ob ϑ als dieser relevante Parameter eingeführt wird und ϑ erst nach einer zusätzlichen Verteilungsannahme die Wahrscheinlichkeitsverteilung über $\mathfrak{X}$ eindeutig fixiert. Wir wollen deshalb den vielen Daten keine überflüssigen hinzufügen und werden je nach Zweckmäßigkeit entweder die Wahrscheinlichkeitsverteilung über $\mathfrak{X}$ oder den relevanten Parameter (sofern aus dem Zusammenhang die Verteilungsannahme klar ersichtlich ist) durch das Symbol ϑ kennzeichnen.

Die Wahl des Stichprobenumfangs und die Art der Stichprobenziehung traten in den bisherigen Beispielen nicht explizit in Erscheinung. In dem Buch von *Wald* [1950] nehmen gerade diese Probleme einen breiten Raum ein. *Wald* wendet sich entschieden gegen die Festlegung auf eine „einstufige" Informationsbeschaffung. Nach seiner Theorie regelt eine (allgemeine) statistische Entscheidungsfunktion sowohl die Informationsbeschaffung als auch die Auswahl der daraufhin zu treffenden Entscheidung. Infolgedessen betrachtet er als Informationsquelle keine n-komponentige Stichprobenvariable $X=(X_1, X_2, \ldots, X_n)$, sondern einen stochastischen Prozeß

$$X_1, X_2, \ldots \tag{1}$$

d. h. eine Stichprobenvariable, bei der die Komponentenanzahl unbeschränkt ist. Welche dieser Komponenten tatsächlich beobachtet werden, ergibt sich erst bei Einsatz eines statistischen Verfahrens. Die Wirkungsweise eines (allgemeinen) statistischen Verfahrens δ ist nämlich die folgende:

In einer ersten Stufe schreibt δ die Beobachtung gewisser Komponenten von (1) vor, z. B. X_1, X_2, X_3. Aufgrund der Realisation (x_1, x_2, x_3) wird von δ entweder eine der zur Debatte stehenden Entscheidungen $\mathrm{d} \in \mathrm{D}$ oder eine *Fortsetzungsentscheidung*, d. h. die Beobachtung weiterer Komponenten von (1), vorgeschrieben.

Im letzteren Fall werden in einer zweiten Stufe die von δ geforderten Beobachtungen von z. B. $X_4, X_5, \ldots, X_8$ durchgeführt. Aufgrund der nun (insgesamt) vorliegenden Realisation $(x_1, x_2, \ldots, x_8)$ schreibt δ wiederum entweder eine der Entscheidungen $\mathrm{d} \in \mathrm{D}$ oder die Beobachtung weiterer Komponenten von (1) vor usw.

Sieht ein Verfahren δ Fortsetzungsentscheidungen vor, so bezeichnet man δ als *mehrstufiges Verfahren*, andernfalls als *einstufiges Verfahren*. Je nachdem, ob ein mehrstufiges Verfahren δ spätestens nach der k-ten Stufe zu einer der Entscheidungen $\mathrm{d} \in \mathrm{D}$ führt oder ob keine derartige Zahl k existiert, bezeichnet man δ als *k-stufiges Verfahren* oder als (unbeschränkt) *sequentielles Verfahren*.

Bei festem Stichprobenumfang sind die Kosten der Informationsbeschaffung für jedes Verfahren gleich und deshalb irrelevant für die Auswahl der verschiedenen Verfahren. Bei mehrstufigen Verfahren ist dies nicht mehr der Fall; die *Stichprobenkosten* werden, wie im folgenden erläutert, in die Risikofunktion mit einbezogen.

Bei Beobachtung der Zufallsvariablen $X_1, X_2, \ldots, X_n$ von (1) gebe

$$c(x_1, x_2, \ldots, x_n) \tag{2}$$

die dabei entstehenden Kosten an. Ein häufig benutzter Spezialfall von (2) ist die Kostenfunktion

$$c(x_1, x_2, \ldots, x_n) = c_0 + n\,c_1\,, \tag{3}$$

die von den einzelnen Werten x_i unabhängig ist und nur vom tatsächlich benutzten Stichprobenumfang n abhängt; c_0 sind dabei Fixkosten, die bei der Qualitätskontrolle von der Bereitstellung der Prüfvorrichtung, bei Befragungen von der Entwicklung des Fragebogens usw. herrühren.

Der Stichprobenumfang hängt bei einem mehrstufigen Verfahren von den in den verschiedenen Stufen beobachteten Zufallsvariablen X_i ab und ist somit selbst eine Zufallsvariable. Infolgedessen stellen schon bei der einfachen Kostenfunktion (3) die entstehenden Stichprobenkosten ebenfalls eine Zufallsvariable dar. Der Erwartungswert der Stichprobenkosten hängt außer von dem benutzten Verfahren δ auch von der Verteilung ϑ der Stichprobenvariablen X ab und werde mit

$$E_{\vartheta,\delta}\, c(X) \tag{4}$$

bezeichnet. Addiert man diesen Kostenerwartungswert zu dem aus § 3 bekannten Schadenserwartungswert

$$E_\vartheta\, s(\vartheta, \delta(X)),$$

so erhält man die Risikofunktion

$$r(\vartheta, \delta) = E_\vartheta\, s(\vartheta, \delta(X)) + E_{\vartheta,\delta}\, c(X) \tag{5}$$

des mehrstufigen Verfahrens δ.

Will man einstufige Verfahren mit verschiedenem Stichprobenumfang untereinander vergleichen oder einstufige Verfahren mit mehrstufigen Verfahren vergleichen, so muß man natürlich auch für einstufige Verfahren die Risikofunktion (5) verwenden.

Damit lautet das allgemeine statistische Entscheidungsproblem:
Gegeben seien

eine Klasse Θ von Wahrscheinlichkeitsverteilungen des stochastischen Prozesses $X_1, X_2, \ldots$

eine Menge D von zur Debatte stehenden (Terminal-)Entscheidungen

eine Schadensfunktion $s(\vartheta, d)$
eine Stichprobenkostenfunktion $c(x_1, x_2, \ldots)$
Gesucht ist
ein geeignetes ein- oder mehrstufiges statistisches Verfahren δ.

Die Präzisierung von „geeignet" führt auf die in § 3 diskutierten Probleme, denn die verschiedenen Verfahren sind auch bez. der Risikofunktion (5) i. allg. nicht miteinander vergleichbar, so daß man ein zusätzliches Kriterium K benötigt, um aus einer gegebenen Klasse Δ von Verfahren ein optimales Verfahren δ_* aussondern zu können.

Wir werden in den nächsten Paragraphen, sofern nicht ausdrücklich anders vermerkt, wieder einstufige Verfahren mit einem festen Stichprobenumfang behandeln und nur sporadisch auf Variationen des Stichprobenumfangs und auf mehrstufige Verfahren eingehen. Eine weitergehende Behandlung mehrstufiger Verfahren würde größere mathematische Probleme aufwerfen und den Rahmen dieses Buches sprengen. Es sei jedoch erwähnt, daß die Vergrößerung der mathematischen Schwierigkeiten durch folgenden Vorteil mehrstufiger Verfahren kompensiert wird:

Zu einem einstufigen Verfahren δ mit dem Stichprobenumfang n existiert in der Regel ein (bez. der Risikofunktion (5)) gleichmäßig besseres mehrstufiges Verfahren δ', dessen erwarteter Stichprobenumfang kleiner als n ist. D. h. durch die Verwendung mehrstufiger Verfahren kann der Stichprobenumfang (oft erheblich) verringert werden.

5.2 Die Einbeziehung von Vorinformationen in die Analyse

Bei einstufigen Verfahren (mit festem Stichprobenumfang) sind nach 3.4 die Daten Θ, D, s, $\mathfrak{X}$, Δ, K zur Präzisierung des statistischen Entscheidungsproblems erforderlich; sobald der Stichprobenumfang nicht fest vorgegeben ist oder mehrstufige Verfahren zugelassen werden, tritt nach 5.1 zu diesen Daten noch die Stichprobenkostenfunktion c hinzu. Die vollständige Kenntnis dieser Daten stellt bereits eine massive Information dar, die bei praktischen Anwendungsfällen nur selten erreicht werden dürfte. Dies schließt jedoch nicht aus, daß über eine dieser Daten, nämlich Θ, gewisse Zusatzinformationen vorliegen. Betrachten wir zur Erläuterung die Beispiele von 1.2:

In Beispiel 1 ist Θ durch $\left\{0, \frac{1}{1000}, \ldots, \frac{999}{1000}, 1\right\}$ gegeben. In der Regel wird der Entscheidungsträger nicht völlig darüber im Unklaren sein, welche Größenordnung die Ausschußquote ϑ haben wird. So könnte er aufgrund der genauen Kenntnis des Produktionsprozesses, der Ergebnisse früherer Qualitätskontrollen usw. der Überzeugung sein, daß ϑ mit hoher

Wahrscheinlichkeit unter 0, 1 liegt, mit geringer Wahrscheinlichkeit zwischen 0, 1 und 0, 2 liegt und daß ϑ nur mit verschwindend kleiner Wahrscheinlichkeit größer als 0, 2 ist. Damit ist nicht nur die (bei Kenntnis von Θ) triviale Information [1)]

$$W(\vartheta \in \Theta) = 1, \tag{1}$$

daß die wahre Ausschußquote ϑ ein Element von Θ ist, sondern die weitergehende Information

$$\begin{aligned} &W\left(\vartheta < \frac{1}{10}\right) = \varphi_1, \qquad W\left(\frac{1}{10} \leqq \vartheta \leqq \frac{1}{5}\right) = \varphi_2 \\ &W\left(\vartheta > \frac{1}{5}\right) = \varphi_3 \qquad \text{mit } \varphi_1 > \varphi_2 > \varphi_3 \end{aligned} \tag{2}$$

gegeben.

Auch bei den anderen Beispielen sind Informationen vom Typ (2) naheliegend; in § 7 wird Beispiel 3 unter diesem Gesichtspunkt ausführlich diskutiert.

Sind wie bei diesen Beispielen Anhaltspunkte dafür gegeben, daß das wahre ϑ in gewissen Teilbereichen von Θ mit gegebenen Wahrscheinlichkeiten lokalisiert ist, so wird man diese Vorinformation [2)] für die Auswahl der verschiedenen statistischen Verfahren zu nutzen versuchen. Einige dieser Versuche wollen wir nun behandeln.

Ist in Verallgemeinerung von (2)

$$\Theta = \bigcup_{i \in I} \Theta_i \tag{3}$$

eine Zerlegung von Θ (wobei I eine beliebige Indexmenge ist), und ist φ_i die (objektive oder subjektive) Wahrscheinlichkeit dafür, daß das wahre ϑ in der Teilmenge Θ_i lokalisiert ist, so wollen wir die durch die Zahlen φ_i und die Zerlegung (3) gegebenen Vorinformationen kurz mit φ bezeichnen. Ist weiterhin eine Klasse Δ von statistischen Verfahren gegeben (wobei es unerheblich ist, ob Δ nur einstufige oder auch mehrstufige Verfahren enthält), so heißt φ eine *detaillierte Vorinformation* oder eine *a priori Bewertung*, wenn für jedes Verfahren $\delta \in \Delta$ der Risikoerwartungswert [3)]

$$E_\varphi \, r(\vartheta, \delta) \tag{4}$$

[1)] Wir wollen stets annehmen, daß die Information durch eine Wahrscheinlichkeitsverteilung über Θ dargestellt werden kann.

[2)] Weitere übliche Bezeichnungen sind (neben Zusatzinformationen): a priori Informationen, prästatistische Informationen, vage bzw. präzise Vorbewertung, a priori Bewertung usw.

[3)] Da die Lage des wahren ϑ innerhalb von Θ gemäß den Vorinformationen φ als zufallsabhängig betrachtet werden kann, ist auch das Risiko $r(\vartheta, \delta)$ zufallsabhängig.

gebildet werden kann. φ ist demnach eine detaillierte Vorinformation, wenn „hinreichend" vielen Teilmengen von Θ eine Wahrscheinlichkeit zugeordnet wird.

Beispielsweise ist durch (2) nur dann eine detaillierte Vorinformation φ gegeben, wenn für jedes $\delta \in \Delta$ die Risikofunktion jeweils auf den Zerlegungsmengen

$$\Theta_1 = \left[0, \frac{1}{10}\right), \quad \Theta_2 = \left[\frac{1}{10}, \frac{1}{5}\right], \quad \Theta_3 = \left(\frac{1}{5}, 1\right]$$

konstant ist; dies dürfte nur bei sehr einfachen Schadensfunktionen erfüllt sein.

Eine detaillierte Vorinformation kann folgendermaßen bei der Auswahl eines geeigneten Verfahrens $\delta \in \Delta$ berücksichtigt werden:

Für jedes $\delta \in \Delta$ existiert der Risikoerwartungswert (4); dieser ist eine lediglich von δ abhängige Zahl. Unter Berufung auf das Bernoulli-Prinzip (4.1) kann dasjenige Verfahren δ_* als optimal (bez. φ) bezeichnet werden, das (4) minimiert:

$$E_\varphi\, r(\vartheta, \delta_*) = \min_{\delta \in \Delta} E_\varphi\, r(\vartheta, \delta) \tag{5}$$

Man bezeichnet δ_* als *Bayes-Verfahren*, das durch (5) gegebene Optimalitätskriterium als *Bayes-Kriterium* und den durch (5) gegebenen minimalen Risikoerwartungswert als *Bayes-Risiko*. Mit der für (4) üblichen Abkürzung

$$r(\varphi, \delta) = E_\varphi\, r(\vartheta, \delta) \tag{6}$$

kann ein Bayes-Verfahren δ_* durch

$$r(\varphi, \delta_*) = \min_{\delta \in \Delta} r(\varphi, \delta) \tag{7}$$

charakterisiert werden.

Die Kenntnis einer detaillierten Vorinformation φ reduziert somit die Liste der eingangs erwähnten Daten eines statistischen Entscheidungsproblems um das Auswahlkriterium K.

Für die Berücksichtigung einer Vorinformation φ ist allerdings nicht allein die Existenz des Erwartungswertes (6) relevant, sondern auch der Grad der Zuverlässigkeit der Vorinformation. Eine absolut unzuverlässige Vorinformation wird man (selbst wenn sie detailliert sein sollte) nicht zu berücksichtigen versuchen. Eine absolut zuverlässige (detaillierte) Vorinformation φ reduziert die statistische Entscheidungssituation auf eine reine Risikosituation; die Betrachtung von Stichproben und von statistischen Verfahren wird überflüssig, denn nach dem Bernoulli-Prinzip ist diejenige Entscheidung d_* optimal, die den Erwartungswert

$$E_\varphi\, s(\vartheta, \mathrm{d})$$

minimiert. In allen anderen Fällen empfiehlt sich die Anwendung des Bayes-

Kriteriums, da bei diesem sowohl die Vorinformation als auch die Stichprobe berücksichtigt werden.

Weitere Erörterungen des Bayes-Kriteriums und Hinweise für die praktische Durchführung der Minimierung (7) sind in § 7 zu finden.

Wir wollen nun eine beliebige Vorinformation φ' als gegeben annehmen. Da das Bayes-Kriterium nicht unmittelbar anwendbar ist, wurde zur Berücksichtigung von φ' folgende Vorgehensweise vorgeschlagen [*Bierlein* 1963, 1967]:

1) Zu der gegebenen Vorinformation φ' wird die Menge Φ aller mit φ' verträglichen [1] detaillierten Vorinformationen φ gebildet.
2) Für jedes $\varphi \in \Phi$ kann dann der Risikoerwartungswert $r(\varphi, \delta)$ gebildet werden. Optimal bez. φ' (oder optimal bez. Φ) ist dasjenige Verfahren δ_*, dessen maximaler Risikoerwartungswert minimal ist:

$$\max_{\varphi \in \Phi} r(\varphi, \delta_*) = \min_{\delta \in \Delta} \max_{\varphi \in \Phi} r(\varphi, \delta) \tag{8}$$

Der enge Zusammenhang von (8) mit dem in 3.3 angegebenen Minimax-Kriterium ist unschwer zu erkennen:

In 3.3 wurde das statistische Spiel

$$(\Theta, \Delta, r(\vartheta, \delta)) \tag{9}$$

betrachtet und Minimax-Verfahren δ_* bez. dieses Spiels definiert. Bei (8) werden entsprechend das statistische Spiel

$$(\Phi, \Delta, r(\varphi, \delta)) \tag{10}$$

betrachtet und Minimax-Verfahren δ_* bez. des Spiels (10) definiert.

In dem einen Extremfall, daß φ' nur die triviale Vorinformation (1) darstellt, besteht Φ aus der Gesamtheit aller detaillierten Vorinformationen φ. Da in diesem Fall für jedes $\delta \in \Delta$

$$\max_{\varphi \in \Phi} r(\varphi, \delta) = \max_{\vartheta \in \Theta} r(\vartheta, \delta)$$

gilt, geht das Kriterium (8) in das übliche Minimax-Kriterium über.

In dem anderen Extremfall, daß φ' bereits eine detaillierte Vorinformation darstellt, besteht Φ entweder nur aus φ' selbst oder aus solchen detaillierten Vorinformationen φ, so daß

$$r(\varphi, \delta) = r(\varphi', \delta) \text{ für alle } \delta \in \Delta$$

gilt. Damit geht (8) in diesem Fall in das Bayes-Kriterium über.

---

[1] Φ besteht aus allen detaillierten Vorinformationen φ, die den Teilmengen Θ_i (die von φ' mit einer Wahrscheinlichkeit bewertet werden) dieselbe Wahrscheinlichkeit wie φ' zuordnen.

Das Kriterium (8) gestattet also nicht nur die Berücksichtigung beliebiger Vorinformationen, sondern enthält das Minimax- und das Bayes-Kriterium als Spezialfälle.

Weitere Kriterien, die ebenfalls so elastisch sind, daß sie das Minimax- und das Bayes-Kriterium als Spezialfälle enthalten, wurden u. a. von *Hodges* und *Lehmann* [1952], *Richter* [1963], *Bunke* [1964], *Menges* [1966], *Schneeweiß* [1964], *Kudō* [1967] vorgeschlagen.

5.3 Randomisierte Verfahren

In 4.2 wurden für Zweipersonennullsummenspiele gemischte Strategien eingeführt. Die detaillierten Vorinformationen φ von 5.2 sind Wahrscheinlichkeitsverteilungen über Θ und stellen somit gemischte Strategien des Spielers „Umwelt" dar.

In der statistischen Entscheidungstheorie werden auch für den Spieler „Statistiker" gemischte Strategien in Betracht gezogen. Je nachdem, ob man unter den Strategien des Statistikers die verschiedenen Verfahren $\delta \in \Delta$ oder die verschiedenen Entscheidungen $\mathrm{d} \in \mathrm{D}$ verstehen will, kommt man allerdings zu zwei verschiedenen Typen von gemischten Strategien. Bei der ersten Interpretation geht man vom Spiel

$$(\Theta, \Delta, r)$$

aus und erhält durch „Mischung" der verschiedenen $\delta \in \Delta$ die gemischten Strategien. Bei der zweiten Interpretation, die sich als die wichtigere erwiesen hat, geht man vom Spiel

$$(\Theta, \mathrm{D}, s)$$

aus und erhält durch „Mischung" der verschiedenen $\mathrm{d} \in \mathrm{D}$ die gemischten Strategien. Damit im letzteren Fall die Stichprobenrealisation x genutzt werden kann, läßt man die „Mischung" von x abhängen. Das so erhaltene Verfahren bezeichnet man als *randomisiert.* Ein randomisiertes Verfahren ist also eine Abbildung des Stichprobenraumes $\mathfrak{X}$ in die Menge der Wahrscheinlichkeitsverteilungen über D. Wir wollen für randomisierte Verfahren ebenfalls (wie für nichtrandomisierte Verfahren) das Symbol δ verwenden. Die Risikofunktion $r(\vartheta, \delta)$ eines randomisierten Verfahrens δ wird (wiederum unter Berufung auf das Bernoulli-Prinzip) als Schadenserwartungswert festgesetzt [1]. Die nichtrandomisierten Verfahren können als spezielle ran-

[1] Bei einem randomisierten Verfahren δ ist für jede Stichprobenrealisation x bereits $s(\vartheta, \delta(x))$ eine Zufallsvariable, deren Verteilung durch δ bestimmt ist. Zur Bildung der Risikofunktion $r(\vartheta, \delta)$ ist zuerst der Erwartungswert von $s(\vartheta, \delta(x))$ zu bilden und sodann der Erwartungswert bez. der durch ϑ festgelegten Verteilung.

domisierte Verfahren aufgefaßt werden, bei denen für jedes $x \in \mathfrak{X}$ die zugeordnete Wahrscheinlichkeitsverteilung eine Einpunktverteilung ist.

Randomisierte Verfahren werden in erster Linie in der Testtheorie benötigt. Bei den viel benutzten Tests zu einem vorgegebenen Niveau α kann durch Randomisierung die Testgüte verbessert werden (vgl. 6.4, Satz 1 und die zugehörige Bemerkung). Da wir randomisierte Verfahren ausschließlich für Alternativtests benötigen, wollen wir uns nun diesem Spezialfall zuwenden.

D besteht nur aus den beiden Entscheidungen d_0 (= Annahme der Hypothese H_0) und d_1 (= Annahme der Hypothese H_1); deshalb ist ein randomisiertes Verfahren δ jeweils durch die Wahrscheinlichkeit

$$W(\delta(x) = d_0) = p_0(x), \quad x \in \mathfrak{X}$$

oder die Wahrscheinlichkeit

$$W(\delta(x) = d_1) = p_1(x), \quad x \in \mathfrak{X}$$

charakterisiert. Wegen $p_0(x) + p_1(x) = 1$ genügt bereits eine der beiden Funktionen; traditionellerweise nimmt man $p_1(x)$ und bezeichnet $p_1(x)$ als kritische Funktion des Tests.

Die in 6.4 behandelten einseitigen Tests δ haben folgende Struktur: Solange der Funktionswert $T(x)$ einer geeigneten Testfunktion T kleiner (bzw. größer) als ein kritischer Wert $\varkappa$ ist, schreibt δ die Entscheidung d_0 (bzw. d_1) vor. Lediglich für $T(x) = \varkappa$ liegt eine echte Randomisierung vor; mit der Wahrscheinlichkeit p bzw. $1-p$ ist dann die Entscheidung d_0 bzw. d_1 zu treffen. Für einen derartigen Test wollen wir die Darstellung

$$\delta(x) = \begin{cases} d_0 & , \text{ falls } T(x) < \varkappa \\ (p, 1-p) & , \text{ falls } T(x) = \varkappa \\ d_1 & , \text{ falls } T(x) > \varkappa \end{cases}$$

benutzen.

Bei den in 6.4 behandelten zweiseitigen Tests ergibt sich für zwei kritische Werte $\varkappa_1$ und $\varkappa_2$ eine Randomisierung; die Tests haben die Struktur:

$$\delta(x) = \begin{cases} d_0 & , \text{ falls } T(x) \in (\varkappa_1, \varkappa_2) \\ (p_i, 1-p_i) & , \text{ falls } T(x) = \varkappa_i \ (i = 1, 2) \\ d_1 & , \text{ falls } T(x) \notin [\varkappa_1, \varkappa_2] \end{cases}$$

Hierbei bedeutet entsprechend

$$\delta(x) = (p_i, 1-p_i) \text{ falls } T(x) = \varkappa_i,$$

daß bei Beobachtung einer Realisation x, die $T(x) = \varkappa_i$ zur Folge hat, mit der Wahrscheinlichkeit p_i die Entscheidung d_0 und mit der Wahrscheinlichkeit $1-p_i$ die Entscheidung d_1 zu treffen ist.

Es sei abschließend darauf hingewiesen, daß die beiden verschiedenen Typen von gemischten Strategien unter gewissen Voraussetzungen [*Wald, Wolfowitz*, 1951] äquivalent sind in dem folgenden Sinne: Zu jeder gemischten Strategie (Mischung von $\delta \in \Delta$) existiert ein randomisiertes Verfahren, das dieselbe Risikofunktion besitzt und umgekehrt.

Wir wollen die Gültigkeit dieser Äquivalenz voraussetzen, damit wir die spieltheoretischen Ergebnisse (Sattelpunktkriterium, Satz 1 von 4.2) auch für randomisierte Verfahren verwenden können.

5.4 Inhalte der nächsten Paragraphen

Die ideale Lösung eines statistischen Entscheidungsproblems besteht darin, daß ein gleichmäßig bestes Verfahren δ_* angegeben werden kann, ohne daß Δ und Θ über das sachlich gerechtfertigte Maß hinausgehend eingeschränkt werden müssen. Der Paragraph 6 enthält eine Reihe von Ergebnissen, aus denen hervorgeht, für welche Situationen gleichmäßig beste Verfahren existieren.

In Paragraph 7 wird gezeigt, wie man Vorinformationen über den wahren Zustand ϑ nutzen und wie man die entsprechenden Bayes-Verfahren berechnen kann.

Im Gegensatz hierzu beschäftigt sich Paragraph 8 mit Situationen, bei denen keine Vorinformationen über den wahren Zustand ϑ vorliegen. Hier bietet sich die Verwendung des Minimax-Kriteriums an. Es werden prinzipielle Möglichkeiten der Berechnung von Minimax-Verfahren behandelt sowie eine Reihe spezieller Resultate angegeben.

In Paragraph 9 wird schließlich der Frage nachgegangen, auf welche Klassen von Verfahren man sich bei der Suche nach einem geeigneten Verfahren gegebenenfalls beschränken kann. Da die Klasse aller denkbaren Verfahren in der Regel kaum zu übersehen ist, stellt eine derartige Reduktion eine wesentliche Erleichterung für die Lösung eines statistischen Entscheidungsproblems dar.

Die einzelnen Paragraphen enthalten jeweils Abschnitte über Test- oder Schätzprobleme, d. h. Abschnitte, bei denen der Entscheidungsraum D zweielementig ist oder (bis auf einige nichtparametrische Probleme) mit Θ übereinstimmt. Dabei ist zu beachten, daß im Sinne der statistischen Entscheidungstheorie z. B. auch das in 1.2, Beispiel 2 dargestellte Problem der geeigneten Produktionsaufteilung zu den Schätzproblemen zu rechnen ist. Auf diesen Punkt wird hier eigens hingewiesen, da D in den Abschnitten über Schätzprobleme nur als abstrakte Menge auftritt; $d \in D$ kann also sowohl eine konkrete Entscheidung (wie die Produktionsaufteilung) als auch einen Schätzwert bedeuten, der (eventuell zusammen mit anderen Entscheidungsunterlagen) für eine künftige Entscheidung benötigt wird. Das Analoge gilt für die Testprobleme.

Bei der Auswahl des Stoffes standen zwei Gesichtspunkte im Vordergrund:

a) Für die behandelten Teilgebiete sollten hinreichend viele konkrete Resultate vorliegen.

b) Für die Darstellung sollten keine weitergehenden mathematischen Hilfsmittel erforderlich sein.

Wegen a) wurden z. B. nur das Bayes- und das Minimax-Kriterium, aber keine anderen Optimalitätskriterien behandelt.

Wegen b) mußte z. B. auf die Behandlung invarianter Verfahren verzichtet werden. Wegen der Bedeutung der invarianten Verfahren sei die zugrundeliegende Problematik an dieser Stelle jedoch kurz angedeutet.

Nehmen wir an, es sei (wie in 8.5, Aufgabe 2) die mittlere Lebensdauer ϑ eines bestimmten Maschinentyps auf der Basis von 9 Beobachtungen zu schätzen. Die beobachteten Lebensdauern $x_1, x_2, \ldots, x_9$ werden zunächst in Tagen gemessen. Die Anwendung des Schätzverfahrens δ liefert dann den Schätzwert

$$\delta(x_1, x_2, \ldots, x_9) \tag{1}$$

für die in Tagen gemessene mittlere Lebensdauer.

Nehmen wir nun andererseits an, daß die Lebensdauern in Jahren gemessen werden. Dann wird man die Beobachtungswerte

$$y_1 = \frac{x_1}{365}, \; y_2 = \frac{x_2}{365}, \ldots, \frac{x_9}{365} \tag{2}$$

registrieren und durch die Anwendung des Schätzverfahrens δ zu dem Schätzwert

$$\delta(y_1, y_2, \ldots, y_9)$$

für die in Jahren gemessene mittlere Lebensdauer gelangen.

Da die Wahl der Maßeinheit willkürlich ist und keinen substanziellen Einfluß haben kann, liegt es nahe, für das benutzte Schätzverfahren δ folgende Eigenschaft zu verlangen:

Mißt man die Beobachtungsergebnisse x_i in Tagen und rechnet man den Schätzwert (1) in Jahre um, so muß der resultierende Schätzwert mit demjenigen übereinstimmen, den man erhält, wenn man zuerst die Beobachtungsergebnisse nach (2) in Jahre umrechnet und darauf das Schätzverfahren anwendet; d. h. es muß

$$\frac{1}{365}\,\delta(x_1, x_2, \ldots, x_9) = \delta\left(\frac{x_1}{365}, \frac{x_2}{365}, \ldots, \frac{x_9}{365}\right) \tag{3}$$

gelten.

Fordert man für alle $(x_1, x_2, \dots, x_9) \in \mathbb{R}^9$ die Gültigkeit der Gleichung (3), so stellt diese eine spezielle Invarianzforderung dar. Andere Invarianzforderungen ergeben sich beispielsweise dann, wenn der Nullpunkt willkürlich wählbar ist oder die Reihenfolge der Beobachtungsergebnisse unerheblich ist. Eine exakte Behandlung erfordert die Definition der Invarianz der Klasse Θ, des Entscheidungsraumes D, der Schadensfunktion s und schließlich die Definition der Invarianz des gesamten statistischen Entscheidungsproblems.

6 Gleichmäßig beste Verfahren

Sobald in einer Klasse Δ von Verfahren ein gleichmäßig bestes nichtrandomisiertes Verfahren δ_* existiert, erübrigen sich sowohl die Betrachtung von Randomisierungen und von a priori Bewertungen als auch die Suche nach Minimax- und Bayes-Verfahren. Denn in diesem Fall ist

das statistische Spiel strikt determiniert und δ_* ein Minimax-Verfahren (vgl. § 4, Aufgabe 5), so daß kein randomisiertes Verfahren ein geringeres Risikosupremum als δ_* besitzt,

δ_* ein Bayes-Verfahren bez. jeder a priori Bewertung, und ist $\{\delta_*\}$ eine wesentlich vollständige Klasse (vgl. 9.2).

Wie bereits erwähnt, ist die Existenz eines gleichmäßig besten Verfahrens i. allg. nur durch eine relativ starke Einschränkung von Θ und Δ zu erreichen; positive Ergebnisse liegen praktisch nur für die Fälle vor, in denen Θ eine parametrige Verteilungsklasse ist. In den Abschnitten 6.3, 6.4 und 6.5 sind einige dieser Ergebnisse zusammengetragen. Die Abschnitte 6.1 und 6.2 enthalten Definitionen, die für eine Reihe von Sätzen dieses und der folgenden Paragraphen benötigt werden.

6.1 Exponentialfamilien von Verteilungen

Die gebräuchlichsten Verteilungsklassen — insbesondere diejenigen, für die Vertafelungen zur konkreten Berechnung der statistischen Verfahren zur Verfügung stehen — können durch den Begriff der Exponentialfamilie von Verteilungen erfaßt werden:

Eine parametrische Klasse von Wahrscheinlichkeitsverteilungen heißt *einparametrige Exponentialfamilie*, wenn für jeden Parameterwert ϑ des Parameterraumes Θ die zugehörige Dichte oder Wahrscheinlichkeitsfunktion $f(x \mid \vartheta)$ die Form

$$f(x \mid \vartheta) = a(\vartheta)\, h(x) \exp [T(x)\, b(\vartheta)]$$

besitzt, wobei a, h, T und b reellwertige Funktionen sind; die Klasse heißt *k-parametrige Exponentialfamilie,* wenn $f(x \mid \vartheta)$ die Form

$$f(x \mid \vartheta) = a(\vartheta)\, b(x) \exp\left[\sum_{i=1}^{k} T_i(x)\, b_i(\vartheta)\right]$$

besitzt [1].

Die reellwertige Funktion T bzw. die vektorwertige Funktion $T = (T_1, T_2, \ldots, T_k)$ sind besonders wichtig, denn es wird sich im folgenden herausstellen, daß man bei Exponentialfamilien im wesentlichen nur solche statistischen Verfahren zu berücksichtigen braucht, die — anstatt von der gesamten Stichprobenvariablen $X = (X_1, \ldots, X_n)$ — nur von der Zufallsvariablen $T(X)$ abhängen.

Bei einparametrigen Exponentialfamilien werden wir die Funktion b stets als streng monoton wachsend annehmen. Dies kann aus folgendem Grunde o.E.d.A. angenommen werden:

Wäre b nicht streng monoton und wäre etwa

$$b(\vartheta_1) = b(\vartheta_2) \text{ für } \vartheta_1 \neq \vartheta_2$$

so müßte wegen der Normierung von $f(x \mid \vartheta)$ auf den Integralwert 1 auch $a(\vartheta_1) = a(\vartheta_2)$ gelten. Damit würden auch $f(x \mid \vartheta_1)$ und $f(x \mid \vartheta_2)$ übereinstimmen und die beiden verschiedenen Parameterwerte ϑ_1 und ϑ_2 dieselbe Wahrscheinlichkeitsverteilung über dem Stichprobenraum induzieren. Dies widerspräche unserer generellen Voraussetzung (der Identifizierbarkeit des Parameters ϑ). Wäre b zwar streng monoton, aber streng monoton fallend, so könnte man den Faktor (-1) aus $T(x)$ ziehen, der Funktion b zuschlagen, und hätte somit für das neue T ein streng monoton wachsendes b.

Exponentialfamilien sind z. B. die folgenden Klassen von diskreten Verteilungen [2]:

1) Die Klasse $\mathfrak{B}(m, \vartheta)$ der Binomialverteilungen mit $\Theta = (0,1)$ und

$$f(x \mid \vartheta) = \binom{m}{x} \vartheta^x (1-\vartheta)^{m-x}, \quad x = 0, 1, \ldots, m$$

2) Die Klasse $\mathfrak{N}\mathfrak{B}(m, \vartheta)$ der negativen Binomialverteilungen mit $\Theta = (0,1)$ und

$$f(x \mid \vartheta) = \binom{m+x-1}{x} \vartheta^m (1-\vartheta)^x, \quad x = 0, 1, 2, \ldots$$

3) Die Klasse $\mathfrak{P}(\vartheta)$ der Poissonverteilungen mit $\Theta = (0, \infty)$ und

$$f(x \mid \vartheta) = \frac{\vartheta^x}{x!} e^{-\vartheta}, \quad x = 0, 1, 2, \ldots$$

[1] Damit die Zahl k eindeutig bestimmt ist, muß man sinnvollerweise verlangen, daß hierbei die Funktionen $1, T_1, \ldots, T_k$ bzw. $1, b_1, \ldots, b_k$ linear unabhängig sind.

[2] Zu dieser Erkenntnis gelangt man allerdings erst nach geeigneten Umformungen der gewohnten Form von $f(x \mid \vartheta)$; vgl. z. B. die Aufgaben 1 und 2.

4) Die Klasse $\mathfrak{M}(m; \vartheta_1, \vartheta_2, \ldots, \vartheta_k)$ der Multinomialverteilungen mit

$$\Theta = \left\{(\vartheta_1, \ldots, \vartheta_k) : \vartheta_1 > 0, \ldots, \vartheta_k > 0, \sum_1^k \vartheta_i = 1\right\} \text{ und}$$

$$f(x \mid \vartheta) = \frac{m!}{x_1! \ldots x_k!} \vartheta_1^{x_1} \ldots \vartheta_k^{x_k}; \; x_i = 0, 1, \ldots, m, \; \sum_{i=1}^k x_i = m$$

Weiterhin die folgenden Klassen kontinuierlicher Verteilungen:

5) Die Klasse $\mathfrak{E}(\vartheta)$ der Exponentialverteilungen mit $\Theta = \mathbb{R}_+$ und

$$f(x \mid \vartheta) = \vartheta \exp[-\vartheta x], \; x \in (0, \infty)$$

6) Die Klasse $\mathfrak{N}(\mu, \sigma^2)$ der Normalverteilungen mit $\vartheta = (\mu, \sigma^2)$, $\Theta = \mathbb{R} \times \mathbb{R}_+$,

$$f(x \mid \vartheta) = \frac{1}{\sqrt{2\pi}\,\sigma} \exp\left[-\frac{1}{2\sigma^2}(x-\mu)^2\right], \; x \in \mathbb{R}$$

7) Die Klasse $\mathfrak{N}(\mu_0, \sigma^2)$ der Normalverteilungen mit bekanntem Erwartungswert, $\vartheta = \sigma^2$, $\Theta = \mathbb{R}_+$.

8) Die Klasse $\mathfrak{N}(\mu, \sigma_0^2)$ der Normalverteilungen mit bekannter Varianz, $\vartheta = \mu$, $\Theta = \mathbb{R}$.

9) Die Klasse $\mathfrak{Be}(\vartheta_1, \vartheta)$ der Betaverteilungen mit $\vartheta = (\vartheta_1, \vartheta_2)$, $\Theta = \mathbb{R}_+ \times \mathbb{R}_+$ und

$$f(x \mid \vartheta) = \frac{\Gamma(\vartheta_1 + \vartheta_2)}{\Gamma(\vartheta_1)\Gamma(\vartheta_2)} x^{\vartheta_1 - 1}(1-x)^{\vartheta_2 - 1}, \; x \in [0, 1]$$

10) Die Klasse $\mathfrak{G}(\vartheta_1, \vartheta_2)$ der Gammaverteilungen mit $\Theta = \mathbb{R}_+ \times \mathbb{R}_+$ und

$$f(x \mid \vartheta) = \frac{1}{\Gamma(\vartheta_1) \cdot \vartheta_2^{\vartheta_1}} x^{\vartheta_1 - 1} \exp\left[-\frac{x}{\vartheta_2}\right], \; x \in (0, \infty)$$

Einparametrige Exponentialfamilien sind dabei $\mathfrak{B}(m, \vartheta)$, $\mathfrak{N}\mathfrak{B}(m, \vartheta)$, $\mathfrak{P}(\vartheta)$, $\mathfrak{E}(\vartheta)$, $\mathfrak{N}(\mu_0, \vartheta)$ und $\mathfrak{N}(\vartheta, \sigma_0^2)$.

Keine Exponentialfamilien bilden dagegen die Klassen der hypergeometrischen Verteilungen, der Cauchyverteilungen und der Gleichverteilungen. Auch die Klasse $\mathfrak{V}\mathfrak{E}(\vartheta_1, \vartheta_2)$ der um ϑ_2 verschobenen Exponentialverteilungen mit $\vartheta = (\vartheta_1, \vartheta_2)$, $\Theta = \mathbb{R}_+ \times \mathbb{R}_+$ und der Dichte

$$f(x \mid \vartheta) = \begin{cases} \vartheta_1 \exp[-\vartheta_1 (x - \vartheta_2)] & , \text{ für } x \in (\vartheta_2, \infty) \\ 0 & , \text{ sonst} \end{cases}$$

bildet keine Exponentialfamilie, da das Verschwinden der Dichte auf dem von ϑ abhängigen Bereich $[0, \vartheta_2]$ nicht durch eine nur von x abhängende Funktion $h(x)$ ausgedrückt werden kann.

Durch Multiplikation der Dichten bzw. Wahrscheinlichkeitsfunktionen ergibt sich unmittelbar:

Satz: *Sind $X_1, X_2, \ldots, X_n$ stochastisch unabhängige Zufallsvariablen, deren Verteilungen zu Exponentialfamilien gehören, so gehört auch die Verteilung von $X=(X_1, X_2, \ldots, X_n)$ zu einer Exponentialfamilie.*

Sind speziell $X_1, X_2, \ldots, X_n$ unabhängige Wiederholungen einer Zufallsvariablen, deren Verteilung zu einer k-parametrigen Exponentialfamilie mit $T(x)=(T_1(x), \ldots, T_k(x))$ gehört, so gehört die Verteilung von $X=(X_1, X_2, \ldots, X_n)$ zu einer k-parametrigen Exponentialfamilie mit

$$T(x)=\left(\sum_1^n T_1(x_i), \ldots, \sum_1^n T_k(x_i)\right).$$

In vielen Fällen besteht die Stichprobenvariable $X=(X_1, X_2, \ldots, X_n)$ aus unabhängigen Wiederholungen einer Zufallsvariablen, deren Verteilung Element einer einparametrigen Exponentialfamilie ist. Nach diesem Satz und der Bemerkung zu Beginn dieses Abschnitts kann man sich dann auf die Betrachtung von statistischen Verfahren beschränken, die — gleichgültig wie groß der Stichprobenumfang n ist — nur von der eindimensionalen Zufallsvariablen $\sum_{i=1}^n T(X_i)$ abhängen.

6.2 Suffiziente Statistiken

Von *R. A. Fisher* stammt die Idee, eine reell- oder vektorwertige Funktion T mit der Eigenschaft zu suchen, daß beim Übergang von der (n-dimensionalen) Stichprobenvariablen X zur (möglichst eindimensionalen) Zufallsvariablen $T(X)$ keine Information über den relevanten Parameter ϑ verlorengeht. Bei den Versuchen zur Präzisierung dieser Idee kristallisierte sich folgende Definition heraus:

T bzw. die Zufallsvariable $T(X)$ heißt suffizient oder eine suffiziente Statistik für $\vartheta \in \Theta$, wenn für jedes t die (bedingte) Verteilung von X unter der Bedingung $T(X)=t$ unabhängig von ϑ ist.

Diese Definition wird durch folgende Überlegung nahegelegt: Ist der Funktionswert t von T bekannt und ist die bedingte Verteilung von X bei gegebenem $T(X)=t$ von ϑ unabhängig, so kann die zusätzliche Kenntnis darüber, welche spezielle Realisation x innerhalb der Niveaumenge $\{x:T(x)=t\}$ beobachtet wurde, keine zusätzliche Information über ϑ bringen; in diesem Sinne ist die gesamte in der Realisation x über ϑ enthaltene Information bereits im Funktionswert $t=T(x)$ von T enthalten.

Vorstehende Definition der Suffizienz ist für uns insofern unzweckmäßig, als das Ereignis $T(X)=t$ für kontinuierlich verteiltes X i. allg. die Wahrscheinlichkeit 0 hat und die bedingte Wahrscheinlichkeit bei derartigen Bedingungen nicht ohne maßtheoretische Hilfsmittel (z. B. Satz von *Radon-*

Nikodym) definiert werden kann. Nun hat jedoch *J. Neyman* in seinem sog. Faktorisationssatz gezeigt, daß eine Funktion T genau dann suffizient für ϑ ist, wenn sich $f(x \mid \vartheta)$ folgendermaßen zerlegen läßt:

$$f(x \mid \vartheta) = h(x)\, g(\vartheta, T(x))$$

Wir wollen diesen Sachverhalt für unsere Definition der Suffizienz benutzen:

Sei X eine Stichprobenvariable mit der Dichte oder Wahrscheinlichkeitsfunktion $f(x \mid \vartheta)$, wobei ϑ im Parameterraum Θ variiere. Eine reell- oder vektorwertige auf $\mathfrak{X}$ definierte Funktion T heißt *suffizient* für ϑ, wenn es Funktionen g und h gibt, so daß folgende Zerlegung gilt:

$$f(x \mid \vartheta) = h(x)\, g(\vartheta, T(x)), \quad x \in \mathfrak{X}, \quad \vartheta \in \Theta \tag{1}$$

Diese Definition ist zwar weniger anschaulich als die obige, dafür aber elementarer und praktischer für die konkrete Entscheidung über die Suffizienz.

In dem Fall, daß X diskret verteilt ist, und somit die bedingte Wahrscheinlichkeit durch den üblichen Quotienten erklärt werden kann, ist es folgendermaßen leicht einzusehen, daß die Zerlegungseigenschaft (1) äquivalent damit ist, daß für jedes t die durch $T(X) = t$ bedingte Verteilung von X vom Parameter ϑ unabhängig ist:

Sei $T(X) = t$ ein Ereignis, das bez. ϑ eine positive Wahrscheinlichkeit besitzt. Wir wollen uns zunächst davon überzeugen, daß

$$W_\vartheta(X = x_0 \mid T(X) = t) = \frac{W_\vartheta(X = x_0, T(X) = t)}{W_\vartheta(T(X) = t)} \tag{2}$$

für jedes x_0 von ϑ unabhängig ist.

Ist $T(x_0) \neq t$, so verschwindet die bedingte Wahrscheinlichkeit (2) und ist damit von ϑ unabhängig.

Ist $T(x_0) = t$, so reduziert sich (2) wegen

$$W_\vartheta(T(X) = t) = \sum_{x: T(x) = t} f(x \mid \vartheta)$$

auf den Quotienten

$$\frac{f(x_0 \mid \vartheta)}{\sum\limits_{x: T(x) = t} f(x \mid \vartheta)}$$

Kann $f(x \mid \vartheta)$ nach (1) zerlegt werden, so folgt hieraus

$$W_\vartheta(X = x_0 \mid T(X) = t) = \frac{h(x_0)\, g(\vartheta, T(x_0))}{\sum\limits_{x: T(x) = t} h(x)\, g(\vartheta, T(x))} =$$

$$= \frac{g(\vartheta, t)\, h(x_0)}{g(\vartheta, t) \sum\limits_{x: T(x) = t} h(x)} = \frac{h(x_0)}{\sum\limits_{x: T(x) = t} h(x)}$$

Damit ist die bedingte Wahrscheinlichkeit in der Tat von ϑ unabhängig. Analog kann man sich davon überzeugen, daß umgekehrt die Unabhängigkeit der bedingten Verteilung von ϑ die Zerlegungseigenschaft (1) für $f(x \mid \vartheta)$ zur Folge hat.

Durch Vergleich der Zerlegungseigenschaft (1) mit der Definition einer Exponentialfamilie ergibt sich unmittelbar:

Satz 1: *Bei einer ein- bzw. k-parametrigen Exponentialfamilie ist T eine suffiziente Statistik für* ϑ.

Damit sind uns aus 6.1 zahlreiche Beispiele von Verteilungsklassen bekannt, für die suffiziente Statistiken existieren. Nach dem Satz aus 6.1 existieren für die einparametrigen Exponentialfamilien $\mathfrak{B}(m, \vartheta)$, $\mathfrak{NB}(m, \vartheta)$, $\mathfrak{P}(\vartheta)$, $\mathfrak{E}(\vartheta)$, $\mathfrak{N}(\mu_0, \vartheta)$, $\mathfrak{N}(\vartheta, \sigma_0^2)$ für beliebigen Stichprobenumfang sogar eindimensionale suffiziente Statistiken.

Es haben jedoch nicht nur Exponentialfamilien die Eigenschaft, daß — unabhängig vom Stichprobenumfang — eine ein- oder k-dimensionale suffiziente Statistik existiert. Z. B. lassen sich auch für die Klasse der Gleichverteilungen derartige suffiziente Statistiken angeben (vgl. Aufgabe 3).

Die Gesamtheit aller für ein statistisches Problem suffizienten Statistiken kann recht umfangreich sein. So ergibt sich unmittelbar aus der Definition der Suffizienz, daß mit T auch jede umkehrbar eindeutige Funktion T' von T eine suffiziente Statistik ist. Weiterhin ist eine Statistik wie z. B. $T(x) = x$ ebenfalls suffizient, denn man kann in der Zerlegungsbedingungen (1) $h \equiv 1$ und $f = g$ setzen. Es gibt demnach suffiziente Statistiken, die keine oder keine wesentliche Reduktion des statistischen Problems gestatten. Durch die Forderung der Vollständigkeit werden unter den suffizienten Statistiken diejenigen ausgezeichnet, die eine besonders wirkungsvolle Reduktion des statistischen Problems ermöglichen.

Dabei heiße T *vollständig* für den Parameter $\vartheta \in \Theta$, wenn für jede Funktion z aus der Bedingung

$$E_\vartheta z(T(X)) = 0 \qquad \text{für alle } \vartheta \in \Theta \tag{4}$$

folgt, so daß

$$z(T(x)) = 0 \qquad \text{für alle } x \in \mathfrak{X}$$

D. h. T ist eine vollständige Statistik, wenn das Verschwinden des Erwartungswertes der Zufallsvariablen $z(T(X))$ das Verschwinden der Funktion z (auf dem Wertebereich von T) impliziert.

Der Begriff einer vollständigen Statistik dürfte für manchen Leser relativ ungewohnt sein. Für das folgende besitzt der Begriff jedoch eine wesentliche Bedeutung, z. B. für die Konstruktion von gleichmäßig besten erwartungstreuen Schätzfunktionen (vgl. Satz 1 von 6.3). Deshalb erscheint an dieser Stelle eine ausführlichere Erläuterung angebracht.

Zuerst wollen wir für ein einfaches Beispiel direkt anhand der Definition nachprüfen, ob eine Statistik T vollständig ist. Wir nehmen an, daß zwei $\mathfrak{B}(1, \vartheta)$-verteilte Zufallsvariablen X_1 und X_2 beobachtet werden und fragen uns, ob die Statistik $T(X) = X_1 + X_2$ vollständig für ϑ ist. Die Bedingung (4) wird hier zu

$$E_\vartheta z(T(X)) = \sum_{i=0}^{2} z(i) \binom{2}{i} \vartheta^i (1-\vartheta)^{2-i} = 0 \text{ für alle } \vartheta \in (0, 1)$$

und nach Division durch $(1-\vartheta)^2$ zu

$$z(0) \cdot 1 + z(1) \cdot 2 \frac{\vartheta}{1-\vartheta} + z(2) \cdot \left(\frac{\vartheta}{1-\vartheta}\right)^2 = 0 \text{ für alle } \vartheta \in (0, 1) \tag{5}$$

Da die drei Funktionen

$$1, 2 \frac{\vartheta}{1-\vartheta}, \quad \left(\frac{\vartheta}{1-\vartheta}\right)^2$$

linear unabhängig sind, ergibt sich aus (5)

$$z(0) = z(1) = z(2) = 0.$$

Das Verschwinden der Funktion z auf dem Wertebereich von T bedeutet definitionsgemäß die Vollständigkeit von T.

Für kompliziertere Beispiele gestaltet sich auch die direkte Nachprüfung anhand der Definition komplizierter. Es ist deshalb wünschenswert, ein praktikables Kriterium zur Verfügung zu haben, das diese Nachprüfung vereinfacht. Der folgende Satz 2 liefert für Exponentialfamilien ein derartiges Kriterium.

Satz 2: *Für eine k-parametrige Exponentialfamilie mit*

$$f(x \mid \vartheta) = a(\vartheta)\, h(x) \exp\left[\sum_{i=1}^{k} T_i(x)\, b_i(\vartheta)\right]$$

sei die Menge B folgendermaßen definiert:

$$B = \{(b_1(\vartheta), \ldots\ldots, b_k(\vartheta)) \in \mathbb{R}^k : \vartheta \in \Theta\} \tag{6}$$

Enthält B ein nichtentartetes k-dimensionales Intervall, so ist

$$T = (T_1, T_2, \ldots, T_k)$$

eine vollständige Statistik für ϑ.

Satz 2 gestattet die Beantwortung der Frage, ob die aus der Exponentialdarstellung von $f(x \mid \vartheta)$ abzulesende Statistik T auch vollständig ist. Man muß zu diesem Zweck lediglich nachprüfen, welche Variationsmöglichkeiten der k-dimensionale Vektor

$$(b_1(\vartheta), b_2(\vartheta), \ldots, b_k(\vartheta))$$

besitzt. Für einparametrige Exponentialfamilien enthält B in der Regel ein nichtentartetes (d. h. nicht zu einem Punkt degeneriertes) Intervall. Betrachten wir zur Veranschaulichung wieder das Beispiel der Binomialverteilungen. Wegen des Satzes von 6.1 genügt es, $f(x \mid \vartheta)$ für den Stichprobenumfang 1 zu untersuchen, denn $b(\vartheta)$ ist vom Stichprobenumfang unabhängig. Für den Stichprobenumfang 1 ist

$$f(x \mid \vartheta) = \vartheta^x (1-\vartheta)^{1-x} = (1-\vartheta)\left(\frac{\vartheta}{1-\vartheta}\right)^x = (1-\vartheta) \exp\left[x \log \frac{\vartheta}{1-\vartheta}\right],$$

also $b(\vartheta) = \log \frac{\vartheta}{1-\vartheta}$. Läßt man ϑ im Bereich $\Theta = (0, 1)$ variieren, so nimmt $b(\vartheta)$ jeden reellen Wert an; d. h. die durch (6) definierte Menge B stimmt mit der Menge $\mathbb{R}$ aller reellen Zahlen überein. Entsprechend kann man für die restlichen in 6.1 aufgeführten einparametrigen Exponentialfamilien bestätigen, daß T eine vollständige Statistik ist.

Sobald bei einer k-parametrigen Exponentialfamilie der Parameter ϑ von einer kleineren Dimension als k ist, wird T in der Regel nicht vollständig sein; insbesondere sind mehrdimensionale Statistiken i. allg. nicht vollständig für einen eindimensionalen Parameter ϑ.

Aus der Definition der Vollständigkeit ergeben sich unmittelbar die folgenden beiden Konsequenzen:

a) Ist der Stichprobenumfang n größer als 1, so ist die suffiziente Statistik $T(x) = x$ nicht vollständig, denn wählt man

$$z(T(X)) = X_1 - X_2,$$

so verschwindet der Erwartungswert

$$E_\vartheta z(T(X)) = E_\vartheta X_1 - E_\vartheta X_2 = 0,$$

ohne daß die Funktion z verschwindet.

b) Ist ϑ ein eindimensionaler Parameter, ist T vollständig für ϑ und sind

$$\delta_1(T(x)) \text{ und } \delta_2(T(x))$$

zwei erwartungstreue Schätzfunktionen für ϑ, die nur von T abhängen, so müssen δ_1 und δ_2 übereinstimmen. Setzt man nämlich

$$z(T(x)) = \delta_1(T(x)) - \delta_2(T(x)),$$

so verschwindet wegen der Erwartungstreue von δ_1 und δ_2 der Erwartungswert von $z(T(x))$; die Vollständigkeit von T impliziert deshalb

$$\delta_1(T(x)) = \delta_2(T(x)) \text{ für jedes } x \in \mathfrak{X}.$$

Wir wollen diesen Abschnitt mit einer Liste von Statistiken abschließen, die sowohl suffizient als auch vollständig sind.

Sind $X_1, X_2, \ldots, X_n$ unabhängige Wiederholungen einer Zufallsvariablen mit der Dichte bzw. Wahrscheinlichkeitsfunktion $f(x \mid \vartheta)$, so ist $T(x) = \sum_{i=1}^{n} x_i$ eine vollständige suffiziente Statistik für die Klasse

der Binomialverteilungen $\mathfrak{B}(m, \vartheta)$,
der negativen Binomialverteilungen $\mathfrak{NB}(m, \vartheta)$,
der Poissonverteilungen $\mathfrak{P}(\vartheta)$,
der Exponentialverteilungen $\mathfrak{E}(\vartheta)$,
der Normalverteilungen $\mathfrak{N}(\vartheta, \sigma_0^2)$ bei bekannter Varianz,
der Gammaverteilungen $\mathfrak{G}(\vartheta_1, \vartheta_2)$ be bekanntem ϑ_1.

$T(x) = \sum_{i=1}^{n} (x_i - \mu_0)^2$ ist eine vollständige suffiziente Statistik für die Klasse der Normalverteilungen $\mathfrak{N}(\mu_0, \vartheta)$ bei bekanntem Erwartungswert μ_0.

$T(x) = \prod_{i=1}^{n} x_i$ ist vollständig und suffizient für die Klassen der Betaverteilungen $\mathfrak{Be}(\vartheta_1, \vartheta_2)$ bei bekanntem ϑ_2 und der Gammaverteilungen $\mathfrak{G}(\vartheta_1, \vartheta_2)$ bei bekanntem ϑ_2.

$T(x) = \prod_{i=1}^{n} (1 - x_i)$ ist vollständig und suffizient für die Klasse $\mathfrak{Be}(\vartheta_1, \vartheta_2)$ der Betaverteilungen bei bekanntem ϑ_1.

$T(x) = \left(\sum_1^n x_i, \sum_1^n x_i^2\right)$ ist vollständig und suffizient für $\vartheta = (\mu, \sigma^2)$ bei der Klasse $\mathfrak{N}(\mu, \sigma^2)$.

$T(x) = \left(\prod_1^n x_i, \prod_1^n (1 - x_i)\right)$ ist vollständig und suffizient für $\vartheta = (\vartheta_1, \vartheta_2)$ bei $\mathfrak{Be}(\vartheta_1, \vartheta_2)$.

$T(x) = \max\{x_1, x_2, \ldots, x_n\}$ ist vollständig und suffizient für den Parameter ϑ der Gleichverteilungen über dem Intervall $(0, \vartheta)$.

$T(x) = (\min\{x_1, \ldots, x_n\}, \max\{x_1, \ldots, x_n\})$ ist vollständig und suffizient für $\vartheta = (\vartheta_1, \vartheta_2)$, $-\infty \leqq \vartheta_1 < \vartheta_2 \leqq \infty$, falls $f(x \mid \vartheta)$ die Form

$$f(x \mid \vartheta) = \begin{cases} a(\vartheta)\, h(x), & \text{für } x \in (\vartheta_1, \vartheta_2) \\ 0, & \text{sonst} \end{cases}$$

besitzt; dies ist z. B. für die Klasse der Gleichverteilungen über dem Intervall $(\vartheta_1, \vartheta_2)$ erfüllt.

Die Anzahl x der defekten Elemente in der Stichprobe ist bei der hypergeometrischen Verteilung (bei fester Gesamtzahl und festem Stichprobenumfang) eine vollständige suffiziente Statistik für die Gesamtzahl ϑ der defekten Elemente

Die Ordnungsstatistik $T(x) = (x_{[1]}, x_{[2]}, \ldots, x_{[n]})$, wobei $x_{[1]}$ die kleinste Zahl aus $\{x_1, \ldots, x_n\}$ ist, $x_{[2]}$ die zweitkleinste usw., ist vollständig und suffizient, sofern für Θ die Klasse aller Verteilungen zugelassen wird.

Sind bei einem Zweistichprobenproblem $X_{11}, X_{12}, \ldots, X_{1n_1}$ unabhängige Wiederholungen einer $\mathfrak{N}(\vartheta_1, \vartheta_3)$ verteilten Zufallsvariablen und $X_{21}, X_{22}, \ldots, X_{2n_2}$ unabhängige (und von X_{1j} unabhängige) Wiederholungen einer $\mathfrak{N}(\vartheta_2, \vartheta_3)$ verteilten Zufallsvariablen, so ist die Statistik

$T(x) = \left(\sum_{j=1}^{n_1} x_{1j}, \sum_{j=1}^{n_2} x_{2j}, \sum_{j=1}^{n_1} x_{1j}^2 + \sum_{j=1}^{n_2} x_{2j}^2 \right)$ suffizient und vollständig für $(\vartheta_1, \vartheta_2, \vartheta_3) \in \mathbb{R} \times \mathbb{R} \times \mathbb{R}_+$.

Sind bei einem linearen Regressionsproblem (vgl. 2.2, Beispiel) die Störvariablen unabhängig und normalverteilt mit gleicher Varianz σ^2 und Erwartungswert 0, so ist X_i gemäß $\mathfrak{N}(\alpha + \beta z_i, \sigma^2)$ verteilt;

$T(x) = \left(\sum_{i=1}^{n} x_i, \sum_{i=1}^{n} x_i^2, \sum_{i=1}^{n} x_i z_i \right)$ ist hierbei eine vollständige und suffiziente Statistik für $\vartheta = (\alpha, \beta, \sigma^2) \in \mathbb{R} \times \mathbb{R} \times \mathbb{R}_+$.

6.3 Schätzprobleme

Existiert bei einer parametrischen Verteilungsklasse eine vollständige suffiziente Statistik T für den Parameter ϑ, so kann mit Hilfe von T eine gleichmäßig beste nichtrandomisierte Schätzfunktion δ_* konstruiert werden. *Lehmann* und *Scheffé* [1950] haben nämlich für die Schätzung einer reellwertigen Funktion $\gamma(\vartheta)$ des (ein- oder mehrdimensionalen) Parameters ϑ folgenden Satz bewiesen [1]:

Satz 1: *Sei γ eine reellwertige Funktion des Parameters ϑ und $\gamma(\vartheta)$ zu schätzen. Ist T eine vollständige suffiziente Statistik für ϑ und ist die Schadensfunktion $s(\vartheta, d)$ für jedes $\vartheta \in \Theta$ eine konvexe Funktion von d, so gibt es — sofern überhaupt eine erwartungstreue Schätzfunktion für $\gamma(\vartheta)$ existiert — in der Klasse aller erwartungstreuen Schätzfunktionen für $\gamma(\vartheta)$ eine gleichmäßig beste nichtrandomisierte Schätzfunktion δ_*; diese hat die Form $\delta_*(T(x))$, hängt also nur von T ab. Für die quadratische Schadensfunktion $s(\vartheta, d) = [\gamma(\vartheta) - d]^2$ besitzt δ_* demnach die gleichmäßig kleinste Varianz unter allen erwartungstreuen Schätzfunktionen.*

Wählt man bei einem k-dimensionalen Parameter $\vartheta = (\vartheta_1, \vartheta_2, \ldots, \vartheta_k)$ sukzessive die Funktionen $\gamma(\vartheta) = \vartheta_1, \gamma(\vartheta) = \vartheta_2, \ldots, \gamma(\vartheta) = \vartheta_k$, so ergeben sich

[1] In der Arbeit von *Lehmann* und *Scheffé* wurde nur der Fall einer quadratischen Schadensfunktion behandelt. Ein übersichtlicher Beweis von Satz 1 ist z. B. bei *Witting* [1966] nachzulesen.

insbesondere gleichmäßig beste erwartungstreue Schätzfunktionen δ_*^i für die einzelnen Komponenten ϑ_i von ϑ. Liegt der Schätzung der Komponenten jeweils die quadratische Schadensfunktion zugrunde, so ist die k-dimensionale Schätzfunktion $(\delta_*^1, \delta_*^2, \ldots, \delta_*^k)$ ebenfalls eine gleichmäßig beste erwartungstreue Schätzfunktion für den k-dimensionalen Parameter ϑ, falls hierbei die für die Schätzung mehrdimensionaler Parameter übliche quadratische Schadensfunktion

$$s(\vartheta, \mathrm{d}) = |\vartheta - \mathrm{d}|^2 = \sum_{i=1}^{k} (\vartheta_i - \mathrm{d}_i)^2$$

zugrundegelegt wird.

Aus diesem Satz 1 und den in 6.2 angegebenen Beispielen vollständiger suffizienter Statistiken können eine Reihe spezieller Resultate gewonnen werden. Ist die Schadensfunktion in d konvex, so braucht man lediglich die von T abhängigen Schätzfunktionen $\delta(T(x))$ durchzumustern; findet man dabei eine erwartungstreue Schätzfunktion, so weiß man nach dem Satz von *Lehmann-Scheffé*, daß diese die gleichmäßig beste unter allen erwartungstreuen Schätzfunktionen ist. So erhält man beispielsweise:

Satz 2: *Ist die Schadensfunktion $s(\vartheta, d)$ konvex in d, so ist $\delta_*(x) = \frac{1}{n}\sum_1^n x_i$ bei der Klasse $\mathfrak{B}(m, \vartheta)$ der Binomialverteilungen eine gleichmäßig beste erwartungstreue Schätzfunktion für ϑ.*

Satz 3: *Ist die Schadensfunktion $s(\vartheta, d)$ konvex in d, so ist $\delta_*(x) = \frac{N}{n} x$ bei der Klasse der hypergeometrischen Verteilungen (mit fester Gesamtzahl N und festem Stichprobenumfang n) eine gleichmäßig beste erwartungstreue Schätzfunktion für die Gesamtzahl der defekten Elemente (x ist die Anzahl der defekten Elemente in der Stichprobe).*

Satz 4: *Ist die Schadensfunktion $s(\vartheta, d)$ konvex in d, so ist*

$$\delta_*(x) = \frac{n+1}{n} \max\{x_1, x_2, \ldots, x_n\}$$

bei der Klasse der Gleichverteilungen über $(0, \vartheta)$ eine gleichmäßig beste erwartungstreue Schätzfunktion für ϑ.

Unter den Voraussetzungen von Satz 4 ist $\delta_*(x) = \frac{n+1}{2n} \max\{x_1, \ldots, x_n\}$ eine gleichmäßig beste Schätzfunktion für den Erwartungswert $\frac{\vartheta}{2}$; δ_* besitzt übrigens für jedes ϑ eine kleinere Varianz als das ebenfalls für $\frac{\vartheta}{2}$ erwartungstreue Stichprobenmittel $\delta(x) = \bar{x}$.

Satz 5: *Ist die Schadensfunktion* $s(\vartheta, d)$ *konvex in* d, *so sind* $\delta_*(x) = \bar{x} = \frac{1}{n}\sum_1^n x_i$ *bzw.* $\delta_*(x) = \frac{1}{n-1}\sum_1^n (x_i - \bar{x})^2$ *bei der Klasse* $\mathfrak{N}(\mu, \sigma^2)$ *der Normalverteilungen gleichmäßig beste erwartungstreue Schätzfunktionen für* $\gamma(\mu, \sigma^2) = \mu$ *bzw.* $\gamma(\mu, \sigma^2) = \sigma^2$.

Satz 6: *Sind bei einem Regressionsproblem (vgl. 2.2, Beispiel) die Schadensfunktion* $s(\vartheta, d)$ *konvex in* d, *die Werte* z_i *nicht alle gleich, die Störvariablen unabhängig und normalverteilt mit der gleichen (unbekannten) Varianz* σ^2 *und dem Erwartungswert 0, so sind die Kleinst-Quadrat-Schätzfunktionen*

$$\delta_*(x) = \hat{\beta} = \frac{\sum_1^n (z_i - \bar{z})(x_i - \bar{x})}{\sum_1^n (z_i - \bar{z})^2} \quad \text{bzw.} \quad \delta_*(x) = \hat{\alpha} = \bar{x} - \hat{\beta}\,\bar{z}$$

gleichmäßig beste erwartungstreue Schätzfunktionen für die Regressionskoeffizienten β *bzw.* α; $\delta_*(x) = \frac{1}{n-2}\sum_1^n (x_i - \hat{\alpha} - \hat{\beta} z_i)^2$ *ist für* $n > 2$ *eine gleichmäßig beste erwartungstreue Schätzfunktion für die Varianz* σ^2 *der Störvariablen.*

Neben diesen Sätzen über gleichmäßig beste erwartungstreue Schätzfunktionen bei parametrigen Verteilungsklassen sind einige Resultate über gleichmäßig beste Schätzfunktionen bei nichtparametrigen Verteilungsklassen bekannt:

Satz 7: *Es seien* $X_1, \ldots, X_n$ *unabhängige Wiederholungen einer (eindimensionalen) Zufallsvariablen* Y *und es sei der Erwartungswert von* Y *zu schätzen. Ist* Θ *die Klasse aller Verteilungen* ϑ, *für die* $\mathrm{var}_\vartheta Y < \infty$, *und ist* s *die quadratische Schadensfunktion* $s(\vartheta, d) = [E_\vartheta Y - d]^2$, *so ist das Stichprobenmittel* $\delta_*(x) = \bar{x} = \frac{1}{n}\sum_1^n x_i$ *eine gleichmäßig beste erwartungstreue Schätzfunktion für* $E_\vartheta Y$.

Es mag zunächst widersprüchlich erscheinen, daß $\delta_*(x) = \bar{x}$ nach Satz 7 eine gleichmäßig beste erwartungstreue Schätzfunktion für den Erwartungswert ist, während im Anschluß an Satz 4 festgestellt wurde, daß $\bar{x}$ bei Gleichverteilungen eine gleichmäßig größere Risikofunktion als die ebenfalls erwartungstreue Schätzfunktion

$$\delta_*(x) = \frac{n+1}{2n} \max\{x_1, x_2, \ldots, x_n\} \tag{1}$$

besitzt. Dieser scheinbare Widerspruch erklärt sich aus der Tatsache, daß bei der (umfangreichen) nichtparametrischen Verteilungsklasse Θ' von Satz 7 die

Forderung der Erwartungstreue bedeutend schärfer ist als bei der (vergleichsweise kleinen) parametrischen Klasse Θ'' der Gleichverteilungen. Die Klasse Δ der bez. Θ' erwartungstreuen Schätzfunktionen ist demnach weniger umfangreich als die Klasse der bez. Θ'' erwartungstreuen Schätzfunktionen; Δ enthält insbesondere nicht die Schätzfunktion (1), so daß diese Schätzfunktion in Satz 7 nicht als Konkurrent von $\delta_*(x) = \bar{x}$ auftreten kann.

Ein weiteres Resultat über gleichmäßig beste erwartungstreue Schätzfunktionen bei einer nichtparametrischen Verteilungsklasse bezieht sich auf die lineare Regression. Δ ist hierbei durch die Forderung eingeschränkt, daß jedes $\delta \in \Delta$ linear und erwartungstreu sein soll. D. h. wir lassen für die Schätzung der Regressionskoeffizienten α bzw. β nur die erwartungstreuen Schätzfunktionen δ der Form $\delta(x) = \sum_1^n a_i x_i$ bzw. $\sum_1^n b_i x_i$ zu. Die Erwartungstreue ist mit folgender Bedingung für die Koeffizienten a_i, b_i äquivalent:

$$\sum_1^n a_i = 1, \quad \sum_1^n a_i z_i = 0; \quad \sum_1^n b_i = 0, \quad \sum_1^n b_i z_i = 1.$$

Die Klasse der linearen erwartungstreuen Schätzfunktionen für α bzw. β ist demnach jeweils eine $(n-2)$-parametrige Schar, zu der insbesondere die Kleinst-Quadrat-Schätzfunktionen gehören.

Das sogenannte Gauß-Markoff-Theorem (ein Beweis ist in fast jedem Lehrbuch der Ökonometrie zu finden) besagt dann:

Satz 8: *Sind bei einem linearen Regressionsproblem die Werte z_i der unabhängigen Variablen nicht alle gleich, sind die Störvariablen unabhängig mit gleicher (aber unbekannter) Varianz und dem Erwartungswert 0, so sind bei Zugrundelegung der quadratischen Schadensfunktion die Kleinst-Quadrat-Schätzfunktionen $\hat{\alpha}$ bzw. $\hat{\beta}$ gleichmäßig beste Schätzfunktionen für α und β in der Klasse Δ der linearen erwartungstreuen Schätzfunktionen.*

Sind bei Satz 8 die Varianzen der Störvariablen zwar nicht alle gleich (Fall der Heteroskedastizität), stehen sie jedoch in einer festen Proportion zueinander, so existieren in Δ ebenfalls gleichmäßig beste Schätzfunktionen für α und β (die jedoch von $\hat{\alpha}$, $\hat{\beta}$ verschieden sind). Auch wenn bei Satz 8 die Unabhängigkeit der Störvariablen durch die schwächere Forderung ersetzt wird, daß die Kovarianzmatrix der Störvariablen ein (unbekanntes) Vielfaches einer bekannten positiv definiten Matrix ist, so existieren in Δ gleichmäßig beste Schätzfunktionen für α und β (verallgemeinerte Kleinst-Quadrat-Schätzfunktionen).

Beim Vergleich der beiden Sätze 6 und 8 erkennt man deutlich die bereits in 3.3 angesprochene Problematik: Sobald man die in Satz 8 erzielte Aussage über die Existenz eines gleichmäßig besten Verfahrens durch Übergang von Δ zu einer umfassenderen Klasse Δ_0 verschärfen will (Übergang von den linearen erwartungstreuen zu den erwartungstreuen Schätzfunktionen), so gelingt dies nur durch gleichzeitige Einschränkung von Θ (Übergang von den Verteilungen mit gleicher Varianz zu den Normalverteilungen mit gleicher Varianz).

Nach der Bemerkung im Anschluß an Satz 1 ist unter den Voraussetzungen von Satz 8 die zweidimensionale Schätzfunktion $(\hat{\alpha}, \hat{\beta})$ eine gleichmäßig beste Schätzfunktion für (α, β) in der Klasse Δ der zweidimensionalen linearen erwartungstreuen Schätzfunktionen $\delta(x) = (\delta_1(x), \delta_2(x))$ bez. der quadratischen Schadensfunktion

$$s[(\alpha, \beta), (d_1, d_2)] = |(\alpha, \beta) - (d_1, d_2)|^2 \tag{2}$$

Bei der Untersuchung der Frage, ob die Optimalitätseigenschaften von $(\hat{\alpha}, \hat{\beta})$ auch dann erhalten bleiben, wenn man von der Schadensfunktion (2) zu der Schadensfunktion

$$s[(\alpha, \beta), (d_1, d_2)] = |(\alpha, \beta) - (d_1, d_2)|^{2m}, \; m = 2, 3, \ldots \tag{3}$$

übergeht [die Schadensfunktion (3) wertet kleine Abweichungen geringer und größere Abweichungen gravierender als (2)], so stellt sich heraus [*Bamberg, Rauhut*, 1972], daß in Δ keine gleichmäßig beste Schätzfunktion existiert. Läßt man wie bei Satz 6 nur normalverteilte Störvariable zu, so existiert in Δ auch bei der Schadensfunktion (3) noch eine gleichmäßig beste Schätzfunktion, jedoch stimmt diese nicht mit der Kleinst-Quadrat-Schätzfunktion $(\hat{\alpha}, \hat{\beta})$ überein.

Dieser Sachverhalt steht im Kontrast zu der Unempfindlichkeit der Optimalität von eindimensionalen Schätzfunktionen gegenüber Variationen der Schadensfunktion (sobald diese konvex in d bleibt). In diesem Zusammenhang ist ein Ergebnis von *Padmanabhan* [1971] von Interesse, das diese Unempfindlichkeit unterstreicht. Das Ergebnis gilt zwar wieder für eine parametrische Verteilungsklasse, jedoch muß diese weder eine Exponentialfamilie sein noch muß eine vollständige suffiziente Statistik existieren:

Satz 9: *Ist bei einer parametrigen Verteilungsklasse mit dem Parameter ϑ bez. der quadratischen Schadensfunktion eine Schätzfunktion δ_* für die reellwertige Funktion $\gamma(\vartheta)$ entweder*

a) beschränkt und eine gleichmäßig beste erwartungstreue Schätzfunktion oder b) der punktweise Limes von beschränkten gleichmäßig besten Schätzfunktionen,

so ist δ_* bez. jeder konvexen [1] Schadensfunktion eine gleichmäßig beste erwartungstreue Schätzfunktion für $\gamma(\vartheta)$.

Diese Unempfindlichkeit gegenüber Variationen der Schadensfunktion läßt zunächst die Vermutung aufkommen, daß — zumindest bei der Schät-

[1] D. h. $s(\vartheta, d)$ ist eine konvexe Funktion von $|\gamma(\vartheta) - d|$.

zung eindimensionaler Parameter — die Schadensfunktion zur Präzisierung des statistischen Entscheidungsproblems praktisch kaum erforderlich ist. Diese Vermutung ist nicht zutreffend, denn unsere Sätze beziehen sich ausschließlich auf Klassen erwartungstreuer Schätzfunktionen. Für unsymmetrische Schadensfunktionen, die eine Überschätzung etwa gravierender beurteilen als eine Unterschätzung, ist es nicht ratsam, sich auf erwartungstreue Schätzfunktionen zu konzentrieren; bei derartigen Schadensfunktionen braucht eine gleichmäßig beste erwartungstreue Schätzfunktion bez. einer umfassenderen Klasse Δ nicht einmal zulässig zu sein (vgl. hierzu Aufgabe 5).

6.4 Testprobleme

Wie bei den Schätzproblemen sind auch bei Testproblemen Ergebnisse über gleichmäßig beste Verfahren in erster Linie bei Beschränkung auf parametrige Verteilungsklassen zu erzielen. Ist der Parameter ϑ insbesondere eindimensional, so liegen für die beiden wichtigsten Fälle, nämlich

die einseitige Fragestellung, bei der zwischen der Hypothese $H_0 : \vartheta \leqq \vartheta_0$ und der Hypothese $H_1 : \vartheta > \vartheta_0$ zu entscheiden ist und

die zweiseitige Fragestellung, bei der zwischen $H_0 : \vartheta \in [\vartheta_1, \vartheta_2]$ und $H_1 : \vartheta \notin [\vartheta_1, \vartheta_2]$ zu entscheiden ist

eine Reihe von Ergebnissen vor.

Diese Ergebnisse beziehen sich jeweils auf die Klasse Δ der Tests δ zu einem vorgegebenen Niveau α; dabei heißt δ *ein Test zum Niveau* α $(0 < \alpha < 1)$, wenn bei Zutreffen von H_0 die Wahrscheinlichkeit für die Ablehnung von H_0 höchstens α beträgt [1]. Genauer fordert man (damit das Niveau eindeutig festgelegt ist), daß ein Test zum Niveau α die Bedingung erfüllt:

$$\sup_{\vartheta \in \Theta_0} W_\vartheta (\delta (X) = \mathrm{d}_1) = \alpha,$$

wobei Θ_i hier sowie im folgenden die H_i entsprechende Parametermenge ist und d_i bedeutet, daß H_i angenommen wird.

Erfüllt δ außerdem die Forderung

$$W_\vartheta (\delta (X) = \mathrm{d}_1) \geqq \alpha \quad \text{für alle } \vartheta \in \Theta_1$$

so heißt δ *unverfälscht* (genauer: ein unverfälschter Test zum Niveau α). Bei

[1] Wesentliche Resultate über Tests zum Niveau α wurden bereits 1933, 1936 und 1938 von *Neyman* und *Pearson* publiziert. Aus dieser Zeit datieren auch Bezeichnungen wie Ablehnungsbereich, Annahmebereich, kritischer Bereich, Gütefunktion: Für einen Test δ ist $\{x \in \mathfrak{X} : \delta (x) = \mathrm{d}_i\}$ der Annahmebereich für H_i und entsprechend $\{x \in \mathfrak{X} : \delta (x) \neq \mathrm{d}_i\}$ der Ablehnungsbereich für H_i; der kritische Bereich von δ ist der Ablehnungsbereich von H_0. Die von ϑ abhängige Wahrscheinlichkeit $W_\vartheta (\delta (X) = \mathrm{d}_1)$ heißt Gütefunktion des Tests δ.

einem unverfälschten Test kann also die Wahrscheinlichkeit für eine Ablehnung von H_0 bei Zutreffen von H_0 niemals größer sein als bei Nichtzutreffen. Demnach zeigt bei einem unverfälschten Test die Gütefunktion $W_\vartheta(\delta(X) = d_1)$ etwa folgenden Verlauf:

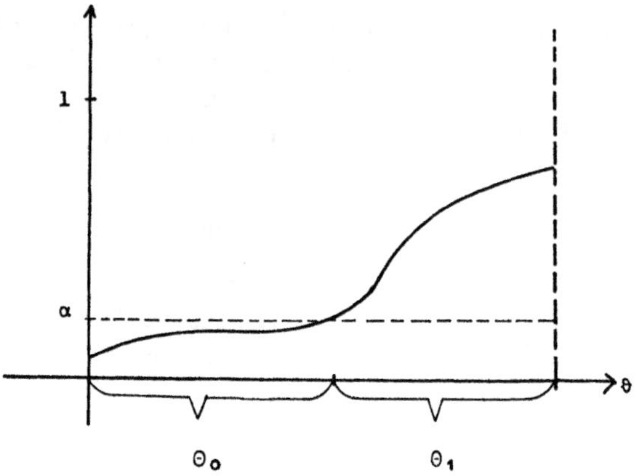

Fig. 11

Für die Risikofunktion $r(\vartheta, \delta)$ ergibt sich mit der stückweise konstanten Schadensfunktion:

$$s(\vartheta, d_0) = \begin{cases} 0 & \text{, falls } \vartheta \in \Theta_0 \\ s_0 > 0 & \text{, falls } \vartheta \in \Theta_1 \end{cases} ; \quad s(\vartheta, d_1) = \begin{cases} s_1 > 0 & \text{, falls } \vartheta \in \Theta_0 \\ 0 & \text{, falls } \vartheta \in \Theta_1 \end{cases}$$

nach Fig. 11 etwa folgender Verlauf:

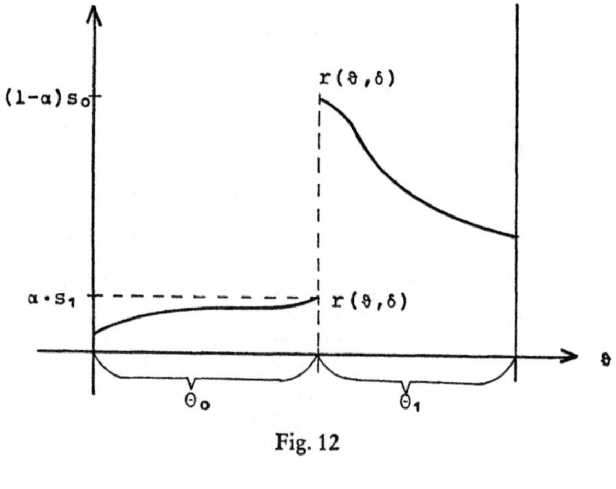

Fig. 12

An den „Nahtstellen" zwischen den Hypothesen hat die Risikofunktion i. allg. ihr Maximum, denn bei diesen Parameterwerten ist die Wahrscheinlichkeit für Fehlentscheidungen am größten.

Bei der einseitigen Fragestellung ist folgende Vorgehensweise intuitiv naheliegend: Man bildet mit dem beobachteten x den Wert $T(x)$ einer geeigneten Teststatistik T, von der man vermutet, daß sie „informativ" für ϑ ist, und nimmt H_0 bzw. H_1 dann an, wenn $T(x)$ kleiner bzw. größer als ein bestimmter kritischer Wert $\varkappa$ ist.

Der nachfolgende Satz 1 gibt — unter gewissen Voraussetzungen — eine Rechtfertigung für diese Vorgehensweise. Die allgemeinste Klasse von Verteilungen, für die eine Rechtfertigung in dem Sinne gelingt, daß unter allen Tests zum Niveau α ein gleichmäßig bester Test durch diese intuitive Vorgehensweise gefunden werden kann, ist die Klasse der Verteilungen mit monotonem Likelihoodquotienten: Eine einparametrige Klasse von Verteilungen mit der Dichte bzw. der Wahrscheinlichkeitsfunktion $f(x \mid \vartheta)$ besitzt einen *monotonen Likelihoodquotienten in* $T(x)$, wenn für je zwei Parameterwerte $\vartheta_1, \vartheta_2 \in \Theta$ mit $\vartheta_1 < \vartheta_2$ der sogenannte Likelihoodquotient

$$\frac{f(x \mid \vartheta_2)}{f(x \mid \vartheta_1)} \tag{1}$$

eine streng monoton wachsende Funktion von $T(x)$ ist; d. h. wenn aus $T(x_1) < T(x_2)$ folgt, daß der Quotient (1) für x_1 kleiner als für x_2 ausfällt.

Um einen Überblick darüber zu gewinnen, welche Verteilungsklassen einen monotonen Likelihoodquotienten besitzen, betrachten wir zunächst eine einparametrige Exponentialfamilie. Der Likelihoodquotient wird hier zu

$$\frac{f(x \mid \vartheta_2)}{f(x \mid \vartheta_1)} = \frac{a(\vartheta_2)}{a(\vartheta_1)} \exp\left[T(x)\left(b(\vartheta_2) - b(\vartheta_1)\right)\right]$$

Er ist monoton in $T(x)$, da wir die Funktion b o.E.d.A. als streng monoton wachsend annehmen können.

Damit sind uns aus 6.1 zahlreiche Beispiele von Verteilungsklassen mit monotonem Likelihoodquotienten geläufig, nämlich alle dort aufgeführten einparametrigen Exponentialfamilien. Darüberhinaus besitzen z. B. die Klassen der hypergeometrischen Verteilungen (mit dem relativen Anteil der defekten Elemente als Parameter ϑ), der Gleichverteilungen über $(0, \vartheta)$ und der Exponentialverteilungen einen monotonen Likelihoodquotienten.

Bei Zugrundelegung der Schadensfunktion (wobei $s_0(\vartheta)$, $s_1(\vartheta)$ positive Funktionen sind)

$$s(\vartheta, \mathrm{d}_0) = \begin{cases} 0 & , \text{ für } \vartheta \in \Theta_0 \\ s_0(\vartheta), & \text{für } \vartheta \in \Theta_1 \end{cases}, \quad s(\vartheta, \mathrm{d}_1) = \begin{cases} s_1(\vartheta), & \text{für } \vartheta \in \Theta_0 \\ 0 & , \text{ für } \vartheta \in \Theta_1 \end{cases} \tag{2}$$

auf die sich alle Ergebnisse dieses Abschnitts beziehen werden, gilt für die einseitige Fragestellung:

Satz 1: *Besitzt eine einparametrige Verteilungsklasse mit dem Parameter ϑ einen in $T(x)$ monotonen Likelihoodquotienten, so gibt es für jedes α zur Entscheidung zwischen $H_0: \vartheta \leqq \vartheta_0$ und $H_1: \vartheta > \vartheta_0$ einen bez. der Schadensfunktion (2) gleichmäßig besten Test δ_* in der Klasse Δ aller Tests zum Niveau α. Dieser Test δ_* ist unverfälscht, erfüllt die Beziehung*

$$W_{\vartheta_0}(\delta_*(X) = d_1) = \alpha, \tag{3}$$

und besitzt die Form [1]

$$\delta_*(x) = \begin{cases} d_0 & \text{, falls } T(x) < \varkappa \\ (p, 1-p) & \text{, falls } T(x) = \varkappa \\ d_1 & \text{, falls } T(x) > \varkappa \end{cases}$$

Wegen (3) bestimmen sich der kritische Wert $\varkappa$ und die Wahrscheinlichkeit p aus

$$W_{\vartheta_0}(\delta_*(X) = d_1) = W_{\vartheta_0}(T(X) > \varkappa) + (1-p)\, W_{\vartheta_0}(T(X) = \varkappa) = \alpha \tag{4}$$

Zu diesem Satz erscheinen einige Bemerkungen angebracht:

a) Der gleichmäßig beste Test δ_* aus Satz 1 ist randomisiert; sobald $T(x)$ mit dem kritischen Wert $\varkappa$ übereinstimmt, ist mit der Wahrscheinlichkeit p bzw. $1-p$ die Entscheidung d_0 bzw. d_1 zu treffen. Bei kontinuierlich verteiltem X entfällt auf das Ereignis $T(X) = \varkappa$ i. allg. die Wahrscheinlichkeit 0, so daß die Randomisierung ohne Beeinträchtigung der Optimalität von δ_* dadurch vermieden werden kann, daß man den Bereich $\{x: T(x) = \varkappa\}$ dem Annahmebereich von H_0 zuschlägt (d. h. die Entscheidung d_0 trifft, sobald $T(x) \leqq \varkappa$ ist). Bei diskret verteiltem X ist auch $T(X)$ diskret verteilt, so daß $W_{\vartheta_0}(T(X) \leqq \varkappa)$ als Funktion von $\varkappa$ eine Sprungfunktion ist (nämlich die Verteilungsfunktion von $T(X)$). Gehört der vorgegebene Wert α nicht zu den Funktionswerten, so wäre bei Vermeidung der Randomisierung der Test entweder von einem niedrigeren oder einem höheren Niveau α' als α; er wäre nach Satz 1 zwar der gleichmäßig beste Test zum Niveau α', er wäre jedoch kein gleichmäßig bester Test zum vorgegebenen Niveau α. Da sich bei praktischen Anwendungen wohl kaum Argumente für eine äußerst exakte Festlegung von α ergeben werden (die Wahl von α orientiert sich meist nach Konventionen oder Schrittweiten von verfügbaren Tafelwerken), so dürfte es für praktische Zwecke ausreichend sein, sich bei diskretem X auf diejenigen α-Werte zu beschränken, für die ein gleichmäßig bester nichtrandomisierter Test existiert.

b) Zur Bestimmung von $\varkappa$ und p aus (4) ist zu bemerken, daß die Verteilung von $T(X)$ einer Exponentialfamilie angehört, sobald die Ver-

[1] Wegen der Bezeichnungsweise vergleiche man 5.3.

teilung von X zu einer Exponentialfamilie gehört[1]; in vielen Fällen wird man daher die Verteilung von $T(X)$ vertafelt finden. Aus (4) ergibt sich dann $\varkappa$ als α-Fraktil (kleinste Zahl, so daß rechts von ihr die Wahrscheinlichkeit α liegt) der durch ϑ_0 festgelegten Verteilung von $T(X)$, und p anschließend durch Auflösen der linearen Gleichung.

c) Wie zu erwarten, gibt es auch für das Testproblem $H_0: \vartheta \geqq \vartheta_0$ gegen $H_1: \vartheta < \vartheta_0$ einen gleichmäßig besten Test zum Niveau α; er ist aus δ_* durch Vertauschung der Ungleichheitszeichen zu erhalten.

Wir wollen uns nun der zweiseitigen Fragestellung zuwenden und uns auf einparametrige Exponentialfamilien beschränken. Trotz dieser Beschränkung existiert für die Entscheidung zwischen $H_0: \vartheta \in [\vartheta_1, \vartheta_2]$ und $H_1: \vartheta \notin [\vartheta_1, \vartheta_2]$ kein gleichmäßig bester Test zum Niveau α. Es existiert jedoch unter allen unverfälschten Tests zum Niveau α ein gleichmäßig bester; dieser hat wieder die intuitiv naheliegende Struktur:

Annahme von H_0, sobald der Wert einer geeigneten Teststatistik innerhalb zweier kritischer Schranken liegt, und Annahme von H_1 sobald der Wert außerhalb liegt.

Satz 2: *Bei einer einparametrigen Exponentialfamilie mit*

$$f(x \mid \vartheta) = a(\vartheta)\, h(x) \exp [T(x)\, b(\vartheta)]$$

gibt es bezüglich der Schadensfunktion (2) für jedes α zur Entscheidung zwischen $H_0: \vartheta \in [\vartheta_1, \vartheta_2]$ und $H_1: \vartheta \notin [\vartheta_1, \vartheta_2]$ in der Klasse der unverfälschten Tests zum Niveau α einen gleichmäßig besten Test δ_*. Dieser hat die Form[2]

$$\delta_*(x) = \begin{cases} d_0 & , \text{ falls } T(x) \in (\varkappa_1, \varkappa_2) \\ (p_i, 1-p_i), & \text{ falls } T(x) = \varkappa_i \ (i=1,2) \\ d_1 & , \text{ falls } T(x) \notin [\varkappa_1, \varkappa_2] \end{cases}$$

Dabei bestimmen sich die beiden kritischen Werte $\varkappa_i$ und die beiden Wahrscheinlichkeiten p_i

a) im Falle von $\vartheta_1 < \vartheta_2$ aus

$$W_{\vartheta_i}(\delta_*(X) = d_1) = \alpha \quad (i=1,2)$$

[1] Dabei muß natürlich $T(x)$ die aus der Exponentialdarstellung von $f(x \mid \vartheta)$ ablesbare suffiziente Statistik sein und nicht irgendeine durch eine streng monoton wachsende Transformation daraus gewonnene Statistik (in der der Likelihoodquotient immer noch monoton wäre).

[2] Wegen der Bezeichnungsweise vergleiche man 5.3.

b) und im Falle $\vartheta_1 = \vartheta_2$ *aus*

$$W_{\vartheta_1}(\delta_*(X) = d_1) = \alpha \quad \textit{und}$$

$$(1-\alpha) E_{\vartheta_1} T(X) + \sum_{i=1}^{2} \varkappa_i (1-p_i) W_{\vartheta_1}(T(X) = \varkappa_i) = \int_{\mathfrak{X}_0} T(x)\, dx; \tag{5}$$

$$\textit{wobei } \mathfrak{X}_0 = \{x \in \mathfrak{X} : \varkappa_1 \leqq T(x) \leqq \varkappa_2\}.$$

Die etwas kompliziert aussehende Gleichung (5) ergibt sich daraus, daß im Falle der Hypothese $H_0 : \vartheta = \vartheta_1$ die Ableitung der Gütefunktion von δ_* an der Stelle ϑ_1 verschwinden muß. Die sonstigen Bemerkungen zu Satz 1 können sinngemäß auch auf Satz 2 übertragen werden.

Sobald man den Bereich der einparametrigen Verteilungen verläßt und zu mehrparametrigen Verteilungsklassen übergeht, schwinden die Aussichten auf die Existenz eines gleichmäßig besten unverfälschten Tests oder eines gleichmäßig besten Tests zum Niveau α sogar dann recht schnell, wenn man sich auf Exponentialfamilien beschränkt. Einige Beispiele mögen dies verdeutlichen:

So existiert [*Lehmann*, 1959, S. 151] bei der zweiparametrigen Exponentialfamilie mit

$$f(x \mid \vartheta) = a(\vartheta_1, \vartheta_2)\, h(x_1, x_2) \exp[\vartheta_1 T_1(x_1) + \vartheta_2 T_2(x_2)]$$

bez. der Schadensfunktion (2) kein gleichmäßig bester unverfälschter Test zur Entscheidung zwischen $H_0 : (\vartheta_1, \vartheta_2) = (\vartheta_1^0, \vartheta_2^0)$ und $H_1 : (\vartheta_1, \vartheta_2) \neq (\vartheta_1^0, \vartheta_2^0)$. Bei dieser Exponentialfamilie existiert zur Entscheidung zwischen

$$H_0 : \vartheta_2 \leqq \vartheta_1^0, \ \vartheta_2 \leqq \vartheta_2^0$$

und $H_1 : \vartheta_1 > \vartheta_1^0$ oder $\vartheta_2 > \vartheta_2^0$ für jedes Niveau α nur ein einziger unverfälschter ist, nämlich der (randomisierte) Test δ_0, der — unabhängig von der Stichprobenrealisation — stets mit der Wahrscheinlichkeit α bzw. $1-\alpha$ zur Entscheidung d_1 bzw. d_0 führt. Bei einer solchen einfachen Parameterklasse existiert also in dem einen Fall überhaupt kein gleichmäßig bester unverfälschter Test; in dem anderen Fall existiert zwar ein gleichmäßig bester unverfälschter Test, was jedoch dem Umstand zuzuschreiben ist, daß sich die Forderung der Unverfälschtheit hier als so einschneidend erweist, daß nur der triviale Test δ_0, der keinerlei Notiz von der Stichprobenrealisation nimmt, ihr genügen kann.

Für das sog. Behrens-Fisher-Problem — die Entscheidung zwischen den Hypothesen $H_0 : \mu_1 \leqq \mu_2$ und $H_1 : \mu_1 > \mu_2$ über die Erwartungswerte zweier normalverteilter Zufallsvariabler bei unbekannten Varianzen — ist bis heute noch nicht geklärt, ob ein gleichmäßig bester unverfälschter Test zum Niveau $\alpha \in (0, 1)$ existiert.

Nun wollen wir uns den Fällen zuwenden, in denen bei k-parametrigen Exponentialfamilien die Existenz eines gleichmäßig besten unverfälschten

Tests gesichert ist. Für die Exponentialfamilie gelte die bekannte Darstellung

$$f(x \mid \vartheta) = a(\vartheta)\, h(x) \exp\left[\sum_{1}^{k} T_i(x)\, b_i(\vartheta)\right], \quad x \in \mathfrak{X}, \quad \vartheta \in \Theta$$

Ferner sei B die bereits aus 6.2, Satz 2 bekannte Menge

$$B = \{(b_1(\vartheta), \ldots, b_k(\vartheta)) \in \mathbb{R}^k : \vartheta \in \Theta\}. \tag{6}$$

Für den nachfolgenden Satz muß vorausgesetzt werden, daß diese Menge B konvex ist und ein nichtentartetes k-dimensionales Intervall enthält. Dann gibt es für ein- und zweiseitige Hypothesen, die nur eine der Funktionen $b_1(\vartheta), \ldots, b_k(\vartheta)$ betreffen, gleichmäßig beste unverfälschte Tests. Diese haben die aus den Sätzen 1 und 2 gewohnte Form mit der einen Ausnahme, daß die kritischen Werte $\varkappa_i$ ebenfalls Funktionen von $T(x)$ sind.

Satz 3: *Für eine k-parametrige Exponentialfamilie sei die in (6) definierte Menge B konvex und enthalte ein nichtentartetes k-dimensionales Intervall. Dann gibt es bez. der Schadensfunktion (2) zu jedem Niveau α*

a) *für die Entscheidung zwischen $H_0: b_1(\vartheta) \leqq b_1^0$ und $H_1: b_1(\vartheta) > b_1^0$ einen gleichmäßig besten unverfälschten Test δ_* von der Form*

$$\delta_*(x) = \begin{cases} d_0 & , \text{ falls } T_1(x) < \varkappa(x) \\ (p(x), 1 - p(x)), & \text{ falls } T_1(x) = \varkappa(x) \\ d_1 & , \text{ falls } T_1(x) > \varkappa(x) \end{cases}$$

b) *für die Entscheidung zwischen $H_0: b_1(\vartheta) = b_1^0$ und $H_1: b_1(\vartheta) \neq b_1^0$ einen gleichmäßig besten unverfälschten Test δ_* der Form*

$$\delta_*(x) = \begin{cases} d_0 & , \text{ falls } \varkappa_1(x) < T_1(x) < \varkappa_2(x) \\ (p_i(x), 1 - p_i(x)), & \text{ falls } T_1(x) = \varkappa_i(x)\ (i = 1, 2) \\ d_1 & , \text{ falls } T_1(x) \notin [\varkappa_1(x), \varkappa_2(x)] \end{cases}$$

Dabei sind $p(x)$, $p_i(x)$, $\varkappa(x)$ bzw. $\varkappa_i(x)$ Funktionen von $T_2(x), T_3(x), \ldots, T_k(x)$. [1]

Dieser Satz besitzt für Anwendungszwecke zwei Schönheitsfehler. Der erste besteht darin, daß die Hypothesen $H_0: b_1(\vartheta) \leqq b_1^0$ bzw. $H_0: b_1(\vartheta) = b_1^0$ nur mittelbar den Parameter ϑ betreffen, so daß man (falls überhaupt, so) erst durch Zusatzüberlegungen zu gleichmäßig besten unverfälschten Tests für Hypothesen gelangt, die einzelne Komponenten von ϑ betreffen und die Form

$$\vartheta_1 \leqq \vartheta_1^0, \ \vartheta_1 = \vartheta_1^0, \ \vartheta_1 \leqq \vartheta_2, \ \vartheta_1 = \vartheta_2 \text{ usw.} \tag{7}$$

besitzen. An einem Beispiel werden wir illustrieren, wie der Übergang zu Hypothesen der Form (7) vonstatten gehen kann. Der zweite Schönheits-

[1] Diese Wahrscheinlichkeiten, sowie $\varkappa$ bzw. $\varkappa_1$, $\varkappa_2$ bestimmen sich wie bei den Sätzen 1 und 2 daraus, daß die Irrtumswahrscheinlichkeit an den „Nahtstellen" der Hypothesen konstant gleich α ist, und daß im zweiseitigen Fall zusätzlich noch die Ableitungen der Gütefunktion dort verschwinden.

fehler besteht darin, daß die kritischen Werte $\varkappa_i$ keine Konstanten, sondern Funktionen von $T_2(x), \ldots, T_k(x)$ sind. In vielen Fällen — der bekannte t-Test ist hierfür ein Beispiel — können die Tests aus Satz 3 durch geeignete [1] Transformationen von $T_1(x)$ in Tests mit konstanten kritischen Werten $\varkappa_i$ übergeführt werden; vgl. hierzu die Sätze 4 bis 8.

Beispiel: Beim Vergleich der Beliebtheit zweier für die Massenfertigung vorgesehenen Produkte, der Wirksamkeit zweier verschiedener Werbespots, der Wirksamkeit zweier medizinischer Behandlungsmethoden usw. tritt folgendes statistische Entscheidungsproblem auf:

Aufgrund von n bzw. m unabhängigen Überprüfungen der beiden „Behandlungsmethoden" (Information über eines der Produkte, Berieselung durch einen Werbespot usw.) ist die Hypothese $H_0: \vartheta_1 \leqq \vartheta_2$ über die „Erfolgswahrscheinlichkeiten" ϑ_1 und ϑ_2 der beiden Behandlungsmethoden zu testen [2].

Die Summe $X = \sum_{i=1}^{n} X_i$ der zu den n Überprüfungen der ersten Behandlungsmethode gehörenden Zufallsvariablen X_i ist demnach $\mathfrak{B}(n, \vartheta_1)$ verteilt; die zur zweiten Behandlungsmethode und m Überprüfungen gehörende Summe $Y = \sum_{j=1}^{m} Y_i$ ist dementsprechend $\mathfrak{B}(m, \vartheta_2)$ verteilt. Die gemeinsame Verteilung von (X, Y) besitzt die Wahrscheinlichkeitsfunktion

$$\begin{aligned} f(x, y \mid \vartheta_1, \vartheta_2) &= W_{\vartheta_1, \vartheta_2}(X = x, Y = y) \\ &= \binom{n}{x} \vartheta_1^x (1-\vartheta_1)^{n-x} \binom{m}{y} \vartheta_2^y (1-\vartheta_2)^{m-y} \\ &= \binom{n}{x}\binom{m}{y} (1-\vartheta_1)^n (1-\vartheta_2)^m \exp\left[x \log \frac{\vartheta_1}{1-\vartheta_1} + y \log \frac{\vartheta_2}{1-\vartheta_2}\right] \end{aligned} \tag{8}$$

Aus dieser Darstellung ergibt sich, daß die Verteilung von X, Y zu einer Exponentialfamilie gehört (was wir auch direkt mit dem Satz aus 6.1 schließen konnten). Da $b_1(\vartheta) = \log \frac{\vartheta_1}{1-\vartheta_1}$, lassen sich nach Satz 3 zunächst nur Tests über ϑ_1 betreffende Hypothesen gewinnen. Wir können den Exponentialausdruck in (8) jedoch umformen zu

$$\exp\left[x\left(\log \frac{\vartheta_1}{1-\vartheta_1} - \log \frac{\vartheta_2}{1-\vartheta_2}\right) + (x+y) \log \frac{\vartheta_2}{1-\vartheta_2}\right] \tag{9}$$

[1] Eine genauere Aussage ist z. B. bei *Lehmann* [1959, S. 161] zu finden.

[2] Bei den einzelnen Beobachtungen werde also nicht die Intensität der Wirksamkeit gemessen, sondern nur ein (geeignet definierter) Erfolg oder Mißerfolg; X_i ist demnach eine Indikatorvariable, die den Wert 1 bei Erfolg und 0 bei Nichterfolg annimmt.

Aus (9) liest man die neue Funktion $b_1(\vartheta) = \log\frac{\vartheta_1}{1-\vartheta_1} - \log\frac{\vartheta_2}{1-\vartheta_2}$ ab. Die Hypothese $H_0: b_1(\vartheta) \leqq 0$ ist äquivalent mit der Hypothese $H_0: \frac{\vartheta_1}{\vartheta_2} \leqq \frac{1-\vartheta_1}{1-\vartheta_2}$ und somit äquivalent mit unserer Ausgangshypothese $H_0: \vartheta_1 \leqq \vartheta_2$. Entsprechend ist $H_0: b_1(\vartheta) = 0$ äquivalent mit $H_0: \vartheta_1 = \vartheta_2$. Nach Satz 3 existiert für die ein- bzw. zweiseitige Hypothese $H_0: \vartheta_1 \leqq \vartheta_2$ bzw. $H_0: \vartheta_1 = \vartheta_2$ ein gleichmäßig bester unverfälschter Test. Dieser Test ist der Fishersche Zweistichproben-Binomialtest für die ein- bzw. zweiseitige Fragestellung.

Wie bereits erwähnt, kann man die Tests aus Satz 3 vielfach in äquivalente[1] Tests mit konstanten kritischen Werten $\varkappa_i$ überführen. Dies gelingt insbesondere für viele Testprobleme, die auf Normalverteilungsannahmen beruhen. Da hierbei die Randomisierung überflüssig ist, und die kritischen Werte $\varkappa$ als Fraktile bekannter (t, F, χ^2 usw.)-Verteilungen aus Tafeln abgelesen werden können, sind diese Tests weit verbreitet. Einige der Tests sind in den folgenden Sätzen rekapituliert.

Zur Überprüfung von Hypothesen über den Erwartungswert einer Normalverteilung bei unbekannter Varianz ist der gewöhnliche t-Test (Einstichproben-t-Test) ein gleichmäßig bester unverfälschter Test:

Satz 4: *Bei der Klasse der Normalverteilungen mit $\vartheta = (\mu, \sigma^2) \in \mathbb{R} \times \mathbb{R}_+$ existiert bez. der Schadensfunktion (2) für jedes Niveau α ein gleichmäßig bester unverfälschter Test δ_* zur Entscheidung zwischen $H_0: \mu \leqq \mu_0$ und $H_1: \mu > \mu_0$ bzw. $H_0: \mu = \mu_0$ und $H_1: \mu \neq \mu_0$. Mit der Teststatistik*

$$T(x) = \frac{(\bar{x} - \mu_0)\sqrt{n}}{\sqrt{\frac{1}{n-1}\sum_1^n (x_i - \bar{x})^2}}$$

ist der gleichmäßig beste unverfälschte Test zum Niveau α für das einseitige Testproblem gegeben durch

$$\delta_*(x) = \begin{cases} d_0, & \text{falls } T(x) \leqq \varkappa \\ d_1, & \text{falls } T(x) > \varkappa, \end{cases}$$

wobei $\varkappa$ das α-Fraktil der t-Verteilung mit $(n-1)$ Freiheitsgraden ist, und für das zweiseitige Testproblem gegeben durch

$$\delta_*(x) = \begin{cases} d_0, & \text{falls } T(x) \in [-\bar{\varkappa}, \bar{\varkappa}] \\ d_1, & \text{falls } T(x) \notin [-\bar{\varkappa}, \bar{\varkappa}], \end{cases}$$

wobei $\bar{\varkappa}$ das $\frac{\alpha}{2}$-Fraktil der t-Verteilung mit $(n-1)$ Freiheitsgraden ist.

---

[1] D. h. in Tests mit der gleichen Gütefunktion, oder was dasselbe ist, in Tests mit der gleichen Risikofunktion bez. der Schadensfunktion (2).

Zur Überprüfung von Hypothesen über die Varianz einer Normalverteilung bei unbekanntem Erwartungswert ist der sog. „χ^2-Test für die Varianz" ein gleichmäßig bester unverfälschter Test:

Satz 5: *Bei der Klasse der Normalverteilungen mit $\vartheta=(\mu, \sigma^2)\in\mathbb{R}\times\mathbb{R}_+$ existiert bez. der Schadensfunktion (2) für jedes Niveau α ein gleichmäßig bester unverfälschter Test δ_* zur Entscheidung zwischen $H_0: \sigma^2 \leqq \sigma_0^2$ und $H_1: \sigma^2 > \sigma_0^2$ bzw. $H_0: \sigma^2=\sigma_0^2$ und $H_1: \sigma \neq \sigma_0^2$. Mit der Teststatistik*

$$T(x)=\frac{1}{\sigma_0^2}\sum_1^n (x_i-\bar{x})^2$$

ist der gleichmäßig beste unverfälschte Test zum Niveau α für das einseitige Testproblem gegeben durch

$$\delta_*(x)=\begin{cases} d_0, & \text{falls } T(x)\leqq \varkappa \\ d_1, & \text{falls } T(x)>\varkappa, \end{cases}$$

wobei $\varkappa$ das α-Fraktil der χ^2-Verteilung mit $(n-1)$ Freiheitsgraden ist, und für das zweiseitige Testproblem gegeben durch

$$\delta_*(x)=\begin{cases} d_0, & \text{falls } T(x)\in [\varkappa_1, \varkappa_2] \\ d_1, & \text{falls } T(x)\notin [\varkappa_1, \varkappa_2], \end{cases}$$

wobei $\varkappa_1, \varkappa_2$ geeignete[1] *Konstanten sind, so daß eine mit $(n-1)$ Freiheitsgraden χ^2-verteilte Zufallsvariable mit der Wahrscheinlichkeit $(1-\alpha)$ in $[\varkappa_1, \varkappa_2]$ liegt.*

Für den Vergleich der Parameter zweier normalverteilter Populationen (Zweistichprobenproblem) liegen ebenfalls einige Ergebnisse über die Existenz gleichmäßig bester unverfälschter Tests vor:

Für den Vergleich der Erwartungswerte bei gleicher und bekannter Varianz ist der „Zweistichproben-Gauß-Test" ein gleichmäßig bester Test:

Satz 6: *Es seien $X=(X_1,\ldots,X_{n_1})$ bzw. $Y=(Y_1,\ldots,Y_{n_2})$ unabhängige Stichproben aus einer $\mathfrak{N}(\mu_1, \sigma_0^2)$ bzw. $\mathfrak{N}(\mu_2, \sigma_0^2)$ verteilten Population und es sei $\vartheta=(\mu_1, \mu_2)\in\mathbb{R}^2$. Bez. der Schadensfunktion (2) existiert für jedes Niveau α ein gleichmäßig bester unverfälschter Test zur Entscheidung zwischen $H_0: \mu_1 \leqq \mu_2$ und $H_1: \mu_1 > \mu_2$ bzw. $H_0: \mu_1=\mu_2$ und $H_1: \mu_1 \neq \mu_2$.*

---

[1] $\varkappa_1$, $\varkappa_2$ werden als unverfälschte Fraktile (unbiased tails) bezeichnet; sie wurden für $\alpha=0{,}01$ und $\alpha=0{,}05$ von *C. R. Rao* [1952] tabelliert. Üblicherweise nimmt man zur Approximation von $\varkappa_1$ bzw. $\varkappa_2$ das $\left(1-\frac{\alpha}{2}\right)$ bzw. $\frac{\alpha}{2}$-Fraktil, schneidet also bei der χ^2-Verteilung rechts und links jeweils die Wahrscheinlichkeit $\frac{\alpha}{2}$ ab.

Mit der Teststatistik

$$T(x,y) = \frac{\bar{x}-\bar{y}}{\sigma_0}\sqrt{\frac{n_1 \cdot n_2}{n_1+n_2}}$$

ist der gleichmäßig beste unverfälschte Test zum Niveau α *für das einseitige Testproblem gegeben durch*

$$\delta_*(x,y) = \begin{cases} d_0, & \text{falls } T(x,y) \leqq \varkappa \\ d_1, & \text{falls } T(x,y) > \varkappa, \end{cases}$$

wobei $\varkappa$ *das* α*-Fraktil der Standardnormalverteilung ist, und für das zweiseitige Testproblem gegeben durch*

$$\delta_*(x,y) = \begin{cases} d_0, & \text{falls } T(x,y) \in [-\bar{\varkappa}, \bar{\varkappa}] \\ d_1, & \text{falls } T(x,y) \notin [-\bar{\varkappa}, \bar{\varkappa}], \end{cases}$$

wobei $\bar{\varkappa}$ *das* $\frac{\alpha}{2}$ *-Fraktil der Standardnormalverteilung ist.*

Für den Vergleich der Erwartungswerte bei gleicher, aber unbekannter Varianz ist der „Zweistichproben-t-Test" ein gleichmäßig bester Test:

Satz 7: *Es seien* $X = (X_1, \ldots, X_{n_1})$ *bzw.* $Y = (Y_1, \ldots, Y_{n_2})$ *unabhängige Stichproben aus einer* $\mathfrak{N}(\mu_1, \sigma^2)$ *bzw.* $\mathfrak{N}(\mu_2, \sigma^2)$ *verteilten Population und es sei* $\vartheta = (\mu_1, \mu_2, \sigma^2) \in \mathbb{R}^2 \times \mathbb{R}_+$. *Bez. der Schadensfunktion (2) existiert für jedes Niveau* α *ein gleichmäßig bester unverfälschter Test* δ_* *zur Entscheidung zwischen* $H_0: \mu_1 \leqq \mu_2$ *und* $H_1: \mu_1 > \mu_2$ *bzw.* $H_0: \mu_1 = \mu_2$ *und* $H_1: \mu_1 \neq \mu_2$. *Mit der Teststatistik*

$$T(x,y) = \frac{\sqrt{\frac{n_1 n_2}{n_1+n_2}} \cdot (\bar{x}-\bar{y})}{\sqrt{\frac{1}{n_1+n_2-2}\left(\sum (x_i-\bar{x})^2 + \sum (y_i-\bar{y})^2\right)}}$$

ist der gleichmäßig beste unverfälschte Test zum Niveau α *für das einseitige Testproblem gegeben durch*

$$\delta_*(x,y) = \begin{cases} d_0, & \text{falls } T(x,y) \leqq \varkappa \\ d_1, & \text{falls } T(x,y) > \varkappa, \end{cases}$$

wobei $\varkappa$ *das* α*-Fraktil der* t*-Verteilung mit* (n_1+n_2-2)*-Freiheitsgraden ist, und für das zweiseitige Testproblem gegeben durch*

$$\delta_*(x,y) = \begin{cases} d_0, & \text{falls } T(x,y) \in [-\bar{\varkappa}, \bar{\varkappa}] \\ d_1, & \text{falls } T(x,y) \notin [-\bar{\varkappa}, \bar{\varkappa}], \end{cases}$$

wobei $\bar{\varkappa}$ *das* $\frac{\alpha}{2}$*-Fraktil der* t*-Verteilung mit* (n_1+n_2-2)*-Freiheitsgraden ist.*

Schließlich sei erwähnt, daß für den Vergleich der Varianzen bei beliebigen Erwartungswerten der „Zweistichproben-F-Test" ein gleichmäßig bester unverfälschter Test ist:

Satz 8: *Es seien* $X=(X_1, \ldots, X_{n_1})$ *bzw.* $Y=(Y_1, \ldots, Y_{n_2})$ *unabhängige Stichproben aus einer* $\mathfrak{N}(\mu_1, \sigma_1^2)$ *bzw.* $\mathfrak{N}(\mu_2, \sigma_2^2)$ *verteilten Population und es sei* $\vartheta=(\mu_1, \mu_2, \sigma_1^2, \sigma_2^2) \in \mathbb{R}^2 \times \mathbb{R}_+^2$. *Bez. der Schadensfunktion (2) existiert für jedes Niveau* α *ein gleichmäßig bester unverfälschter Test* δ_* *zur Entscheidung zwischen* $H_0: \sigma_1^2 \leqq \sigma_2^2$ *und* $H_1: \sigma_1^2 > \sigma_2^2$ *bzw.* $H_0: \sigma_1^2 = \sigma_2^2$ *und* $H_1: \sigma_1^2 \neq \sigma_2^2$.

Mit der Teststatistik

$$T(x, y) = \frac{(n_2-1) \sum (x_i - \bar{x})^2}{(n_1-1) \sum (y_i - \bar{y})^2}$$

ist der gleichmäßig beste unverfälschte Test zum Niveau α *für das einseitige Testproblem gegeben durch*

$$\delta_*(x, y) = \begin{cases} d_0, & \text{falls } T(x, y) \leqq \varkappa \\ d_1, & \text{falls } T(x, y) > \varkappa, \end{cases}$$

wobei $\varkappa$ *das* α*-Fraktil der F-Verteilung mit* (n_1-1, n_2-1)*-Freiheitsgraden ist,*
und für das zweiseitige Testproblem gegeben durch

$$\delta_*(x, y) = \begin{cases} d_0, & \text{falls } T(x, y) \in [\varkappa_1, \varkappa_2] \\ d_1, & \text{falls } T(x, y) \notin [\varkappa_1, \varkappa_2], \end{cases}$$

wobei $\varkappa_1, \varkappa_2$ *geeignete*[1] *Konstanten sind, die von der F-Verteilung mit* (n_1-1, n_2-1)*-Freiheitsgraden rechts und links insgesamt die Wahrscheinlichkeit* α *abschneiden.*

Während für das Zweistichprobenproblem — wie die Sätze 6, 7, 8 zeigen — bei Normalverteilungsannahmen noch einige Ergebnisse über gleichmäßig beste unverfälschte Test zu erzielen sind, existieren für den Vergleich von mehr als zwei Populationen selbst dann keine gleichmäßig besten unverfälschten Tests zum Niveau α, wenn man alle Populationen normalverteilt und von gleicher Varianz annimmt. So gibt es beispielsweise für die bei der Einfachklassifikation der Varianzanalyse benutzte Nullhypothese $H_0: \mu_1 = \mu_2 = \ldots = \mu_q$ über die Gleichheit aller Mittelwerte keinen gleichmäßig besten unverfälschten Test (sobald $q > 2$). Man kann bei der Varianzanalyse allerdings durch plausible Invarianzforderungen die Klasse Δ geeignet einschränken, so daß ein gleichmäßig bester invarianter Test existiert. Wegen Details sei auf die Monographie von *Scheffé* [1959] verwiesen.

---

[1] Die exakten Werte von $\varkappa_1$, $\varkappa_2$ werden wie bei Satz 5 als unverfälschte Fraktile bezeichnet. Da man keine Tabellen zur Verfügung hat, approximiert man $\varkappa_1$ bzw. $\varkappa_2$ für praktische Zwecke durch das $\left(1-\frac{\alpha}{2}\right)$- bzw. das $\frac{\alpha}{2}$-Fraktil der F-Verteilung.

Sobald man nichtparametrige Test betrachtet, wird die Situation naturgemäß noch schlechter. Durch hinreichend starke Invarianzforderungen kann man erreichen, daß die gebräuchlichen nichtparametrigen Tests (Pitman-Test, Wilcoxon-Test, Fisher-Yates-Test usw.) gewisse „lokale" Optimalitätseigenschaften haben [1]. Ungeklärt ist dagegen noch, ob derartige Tests in der Klasse aller Tests [bez. der Schadensfunktion (2)] zulässig [2] sind oder nicht.

In diesem Abschnitt wurden ausschließlich ein- oder zweiseitige Fragestellungen betrachtet. Dabei zeigte sich, daß

a) die Ergebnisse unabhängig von den speziellen Funktionen $s_0(\vartheta)$, $s_1(\vartheta)$ sind, die die Schadensfunktion (2) definieren,

b) gleichmäßig beste (unverfälschte) Tests existieren, die in dem folgenden Sinn die gleiche Struktur wie die Hypothesen besitzen: Der einseitigen Fragestellung liegt entweder die Hypothese $H_0: \vartheta \leqq \vartheta_0$ oder die Hypothese $H_0: \vartheta \geqq \vartheta_0$ zugrunde, die H_0 entsprechende Parametermenge Θ_0 ist die Halbgerade $(-\infty, \vartheta_0]$ bzw. $[\vartheta_0, \infty)$; entsprechend wurde bei den behandelten Tests die Hypothese H_0 angenommen, wenn der Wert einer geeigneten Teststatistik $T(X)$ auf der Halbgeraden $(-\infty, \varkappa]$ bzw. $[\varkappa, \infty)$ liegt. Bei der zweiseitigen Fragestellung ist Θ_0 ein endliches Intervall $[\vartheta_1, \vartheta_2]$ und Θ_1 das Komplement dieses Intervalls; eine entsprechende Struktur besitzen (bez. einer geeigneten Teststatistik) auch die beiden Annahmebereiche.

Eine Verallgemeinerung der ein- und zweiseitigen Fragestellung besteht darin, daß man die H_0 entsprechende Parametermenge Θ_0 aus endlich vielen Intervallen (inklusive Halbgeraden) bestehen läßt [3]. Nach einem Ergebnis von *Schmitz* [1968] existieren bei k-parametrigen Exponentialfamilien für solche Hypothesen ebenfalls gleichmäßig beste unverfälschte Tests zu einem vorgegebenem Niveau. Auch diese gleichmäßig besten unverfälschten Tests besitzen die gleiche Struktur wie die Hypothesen.

Die bei a) festgestellte Unabhängigkeit von $s_0(\vartheta)$ und $s_1(\vartheta)$ legt den Verdacht nahe, daß diese Werte — im Gegensatz zu den Bemerkungen in § 1 — für das statistische Entscheidungsproblem ohne Bedeutung sind. Dazu ist zu bemerken, daß wir bisher in einer Reihe von Fällen zwar die Existenz eines gleichmäßig besten (unverfälschten) Tests zum Niveau α nachgewiesen haben;

---

[1] Exakte Aussagen sind z. B. in *Witting, Nölle* [1970, Kap. 3] zu finden.

[2] Wegen der Definition der Zulässigkeit vgl. man 9.1.

[3] Solche Probleme treten auf, wenn die Zugehörigkeit einer homogenen Materialsendung zu einer Güteklasse (z. B. 2-te Wahl) überprüft werden soll, die verschiedenen Intervallen des zur Beurteilung herangezogenen Parameters entspricht; oder wenn z. B. über die Erschließung einer Kiesförderungsanlage entschieden werden soll, wobei für die beabsichtigten Bauvorhaben lediglich Kies dreier verschiedener Korngrößen (jeweils durch Intervalle charakterisiert) verwendbar ist.

welches Niveau α man aber tatsächlich wählen soll, wenn vom realen Problem her die Schadensfunktion (2) vorgegeben ist, wurde noch nicht angegeben. Werfen wir zu diesem Zweck einen Blick auf die Risikofunktion eines gleichmäßig besten Tests zum Niveau α, wobei wie in Fig. 12 die stückweise konstante Schadensfunktion zugrundeliege. Das Maximum (bzw. Supremum) der Risikofunktion ist (je nach Größe von s_0 und s_1) entweder αs_1 oder $(1-\alpha)s_0$. Für welches α fällt dieses Maximum minimal aus?

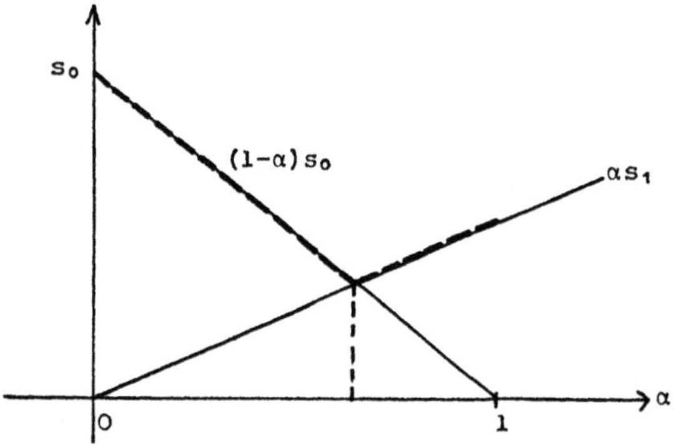

Fig. 13

Das Maximum fällt minimal aus (vgl. Fig. 13), wenn als Niveau

$$\alpha = \frac{s_0}{s_0 + s_1} \tag{10}$$

gewählt wird. Auf ähnliche Probleme werden wir in § 8 nochmals eingehen. Halten wir an dieser Stelle fest, daß bei Berufung auf das Minimax-Prinzip das Niveau α gemäß (10) bestimmt wird und daß dabei die Funktionswerte $s_0(\vartheta)$, $s_1(\vartheta)$ der Schadensfunktion (2) zum Tragen kommen.

6.5 Bereichsschätzung, Konfidenzintervalle

Bei der in 6.3 ausführlich betrachteten Parameterschätzung (auch Parameterpunktschätzung genannt) mußte ein extrem enger — nämlich einpunktiger — Bereich, angegeben werden, der den wahren Parameterwert enthalten sollte.

Bei der Bereichsschätzung wird zugelassen, daß der Bereich, in dem der wahre Parameterwert — nach der statistischen Behauptung — liegen soll, eine beliebige Teilmenge des Parameterbereichs Θ ist.

Enthält der angegebene Bereich den wahren Parameterwert, so ist damit im Falle der Punktschätzung eine äußerst exakte Aussage über ϑ erzielt, während im Falle der Bereichsschätzung die erzielte Aussage noch ziemlich unpräzise ist. Andererseits ist im Falle der Punktschätzung die Wahrscheinlichkeit dafür, daß der angegebene (einpunktige) Bereich den wahren Parameterwert enthalten wird, in der Regel Null, während die entsprechende Wahrscheinlichkeit im Falle der Bereichsschätzung in der Regel positiv ist.

Bei der Bereichsschätzung besteht der Entscheidungsraum D demnach aus einer Menge von Teilbereichen von Θ, so daß Feststellungen bzw. Forderungen wie etwa $\vartheta \in \mathrm{d}$, $\vartheta \in \delta(x)$, $W_\vartheta(\vartheta \in \delta(X)) = 1-\alpha$ einen Sinn haben. Zur Angabe einer Schadensfunktion muß man die Konsequenzen bewerten können, daß ϑ in dem Bereich d bzw. nicht in d liegt. Naheliegend ist die Schadensfunktion

$$s(\vartheta, \mathrm{d}) = \begin{cases} 0, & \text{falls } \vartheta \in \mathrm{d} \\ 1, & \text{falls } \vartheta \notin \mathrm{d} \end{cases} \tag{1}$$

Die Verwendung der Schadensfunktion (1) führt jedoch zu folgender Konsequenz: Für $\mathrm{d} = \Theta$ ist der Schaden stets Null; die Bereichsschätzfunktion δ_0 mit

$$\delta_0(x) = \Theta \quad \text{für alle } x \in \mathfrak{X}$$

besitzt eine überall verschwindende Risikofunktion und ist unter allen Bereichsschätzfunktionen eine bez. der Schadensfunktion (1) gleichmäßig beste Bereichsschätzfunktion. Dennoch bringt der Einsatz von δ_0 keinerlei Information über das wahre ϑ, denn es ist bereits a priori bekannt, daß das wahre ϑ in Θ liegt. Diese Bereichsschätzfunktion δ_0 kann dadurch ausgeschlossen werden, daß die Schadensfunktion (1) unter Berücksichtigung der „Größe" des Bereichs d geeignet abgeändert wird.

Eine derartige Abänderung von (1) wird z. B. bei *Weiss* [1961] vorgenommen. Da eine Einbeziehung der Größe von d zu erheblichen mathematischen Schwierigkeiten führen kann, stehen zur Zeit noch die von *Neyman* bereits 1935 eingeführten Prinzipien im Vordergrund. *Neyman* schlug vor, die Klasse der Bereichsschätzfunktionen zu einem vorgegebenen (Konfidenz-) Niveau zu betrachten. Eine *Bereichsschätzfunktion* δ heißt dabei *vom Niveau* $1-\alpha$, wenn

$$W_\vartheta(\vartheta \in \delta(X)) = 1-\alpha \quad \text{für alle } \vartheta \in \Theta \tag{2}$$

erfüllt ist [1]. Ist ein eindimensionaler Parameter zu schätzen und ist $\delta(x)$ für jedes x ein Intervall, so heißt δ *Intervallschätzfunktion zum Niveau* $1-\alpha$ oder kürzer *Konfidenzintervall* (oder Vertrauensintervall) *zum Niveau* $1-\alpha$. Für uns besteht der große Vorteil von Bereichsschätzfunktionen zum Niveau $1-\alpha$ darin, daß sie in enger Beziehung zu den nichtrandomisierten Tests zum Niveau α stehen und dadurch wesentliche Ergebnisse zu übertragen gestatten.

[1] Gelegentlich fordert man in (2) auch $\geqq 1-\alpha$.

Diese engen Beziehungen zu den Tests zum Niveau α erkennt man durch folgende Überlegungen: Sei δ eine Bereichsschätzfunktion zum Niveau $1-\alpha$. Durch δ wird jedem $x \in \mathfrak{X}$ ein Teilbereich $\delta(x)$ von Θ zugeordnet, andererseits wird aber auch jedem $\vartheta_0 \in \Theta$ gemäß

$$A(\vartheta_0) = \{x \in \mathfrak{X} : \vartheta_0 \in \delta(x)\} \tag{3}$$

ein Teilbereich $A(\vartheta_0)$ von $\mathfrak{X}$ zugeordnet. Da $A(\vartheta_0)$ aus denjenigen Realisationen x besteht, für die ϑ_0 im Bereich $\delta(x)$ liegt, folgt aus (2):

$$W_{\vartheta_0}(X \in A(\vartheta_0)) = W_{\vartheta_0}(\vartheta_0 \in \delta(X)) = 1-\alpha$$

Deshalb stellt $A(\vartheta_0)$ den Annahmebereich für H_0 bei einem nichtrandomisierten Test zum Niveau α für die Entscheidung zwischen $H_0: \vartheta = \vartheta_0$ und $H_1: \vartheta \neq \vartheta_0$ dar.

Hat man umgekehrt für jedes $\vartheta_0 \in \Theta$ einen nichtrandomisierten Test zum Niveau α für die Entscheidung zwischen $H_0: \vartheta = \vartheta_0$ und $H_1: \vartheta \neq \vartheta_0$ und bezeichnet $A(\vartheta_0)$ jeweils den Annahmebereich für H_0, so kann man aus dieser Schar von Tests gemäß

$$\delta(x) = \{\vartheta_0 \in \Theta : x \in A(\vartheta_0)\} \tag{4}$$

eine Bereichsschätzfunktion zum Niveau $(1-\alpha)$ gewinnen.

Durch (3) und (4) wird eine umkehrbar eindeutige Zuordnung zwischen den Bereichsschätzfunktionen zum Niveau $1-\alpha$ und den Scharen von nichtrandomisierten Tests zum Niveau α hergestellt. Da sich mittels dieser Zuordnung der Begriff der Unverfälschtheit direkt von den Tests auf die Bereichsschätzfunktion übertragen läßt, liefern die Ergebnisse des Abschnitts 6.4 auch Ergebnisse über gleichmäßig beste unverfälschte Bereichsschätzfunktionen.

Die Übertragung des Begriffs der Unverfälschtheit ergibt: Eine Bereichsschätzfunktion δ zum Niveau $1-\alpha$ heißt *unverfälscht,* wenn für jedes ϑ die Bedingung

$$W_\vartheta(\vartheta' \in \delta(X)) \leqq 1-\alpha \quad \text{für alle } \vartheta' \neq \vartheta$$

erfüllt ist, d. h. wenn die Überdeckungswahrscheinlichkeit für jeden falschen Parameterwert höchstens $1-\alpha$ und für den richtigen Parameterwert genau $1-\alpha$ beträgt.

Wir bezeichnen δ_* als eine *gleichmäßig beste*[1] *unverfälschte Bereichs-*

[1] Das Attribut „gleichmäßig beste" war bisher statistischen Entscheidungsfunktionen vorbehalten worden, deren Risikofunktion gleichmäßig minimal ist. Bei (5) wird die Überdeckungswahrscheinlichkeit falscher Parameterwerte als Beurteilungsgröße benutzt; da diese Beurteilungsgröße nicht als Risikofunktion bez. einer geeigneten Schadensfunktion gewonnen wurde, ist die Bezeichnungsweise etwas inkonsequent. Bez. der Schadensfunktion (1) besitzt übrigens jede Bereichsschätzfunktion δ zum Niveau $1-\alpha$ die Risikofunktion

$$r(\vartheta, \delta) = E_\vartheta\, s(\vartheta, \delta(X)) = W_\vartheta(\vartheta \notin \delta(X)) = \alpha.$$

Eine gleichmäßig beste Bereichsschätzfunktion wird auch als trennscharf (uniformly most accurate) bezeichnet.

schätzfunktion zum Niveau $1-\alpha$, wenn für jedes $\vartheta \in \Theta$, jedes $\vartheta' \neq \vartheta$ und jede unverfälschte Bereichsschätzfunktion δ zum Niveau $1-\alpha$ gilt

$$W_\vartheta(\vartheta' \in \delta_*(X)) \leqq W_\vartheta(\vartheta' \in \delta(X)), \tag{5}$$

d. h. wenn δ_* die Überdeckungswahrscheinlichkeit falscher Parameterwerte minimiert.

Satz 1: *Jede Schar von gleichmäßig besten (unverfälschten) nichtrandomisierten* [1] *zweiseitigen Tests zum Niveau* α *für* $H_0: \vartheta = \vartheta_0$ *(wobei* ϑ_0 *die Parametermenge* Θ *durchläuft), liefert nach (4) eine gleichmäßig beste (unverfälschte) Bereichsschätzfunktion zum Niveau* $1-\alpha$.

So lautet das Pendant zu Satz 2 des Abschnitts 6.4:

Satz 2: *Besitzt für eine einparametrige Exponentialfamilie mit*

$$f(x \mid \vartheta) = a(\vartheta)\, h(x) \exp[T(x)\, b(\vartheta)]$$

die Statistik $T(X)$ *für jedes* $\vartheta \in \Theta$ *eine kontinuierliche Verteilung, so gibt es zu jedem* α *eine gleichmäßig beste unverfälschte Intervallschätzfunktion* δ_* *zum Niveau* $1-\alpha$.

Die Konstruktion der nach Satz 2 existierenden gleichmäßig besten unverfälschten Intervallschätzfunktion kann man sich graphisch veranschaulichen:

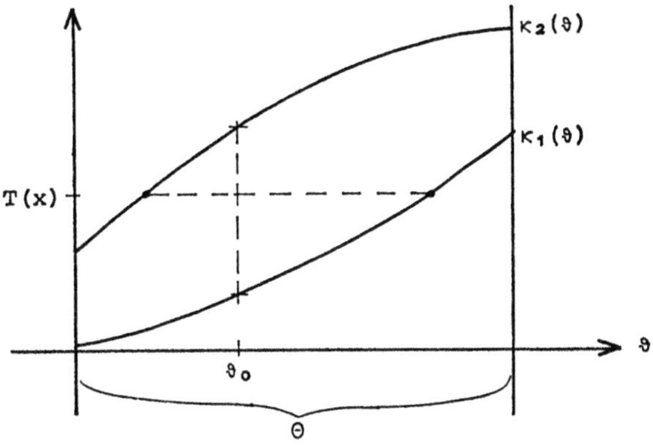

Fig. 14

[1] Durch die Einführung geeigneter Hilfs-Zufallsvariablen lassen sich auch aus randomisierten Tests Bereichsschätzfunktionen gewinnen (vgl. hierzu etwa *Lehmann* [1959], S. 81 oder *Witting* [1966], S. 89).
Außerdem läßt sich ein Analogon zu Satz 1 beweisen, das einseitige Tests und einseitige Konfidenzintervalle (sog. untere und obere Konfidenzschranken) zueinander in Beziehung setzt.

Läßt man ϑ_0 variieren, so erhält man für jede Nullhypothese $H_0 : \vartheta = \vartheta_0$ kritische Werte $\varkappa_1(\vartheta_0)$, $\varkappa_2(\vartheta_0)$; diese Funktionen $\varkappa_i(\vartheta)$ sind in Fig. 14 eingezeichnet[1]. Für den in Fig. 14 eingezeichneten Wert ϑ_0 wäre die Hypothese $H_0 : \vartheta = \vartheta_0$ anzunehmen, wenn $T(x)$ einen der Werte auf der gestrichelten Vertikalen annimmt. Aus dieser Skizze kann man nach (4) das Intervall $\delta_*(x)$ folgendermaßen ablesen: Man bildet den Wert $T(x)$ und läßt eine Horizontale durch $T(x)$ die beiden Kurven $\varkappa_1(\vartheta)$, $\varkappa_2(\vartheta)$ schneiden (in Fig. 14 ebenfalls gestrichelt). Daraus ergibt sich

$$\delta_*(x) = [\varkappa_2^{-1}(T(x)), \varkappa_1^{-1}(T(x))].$$

Will man die restlichen Sätze 4 bis 8 von 6.4 übertragen, so kann man mit den dortigen kritischen Werten nicht direkt eine Fig. 14 entsprechende Skizze anfertigen und δ_* ablesen; denn die dortigen kritischen Werte sind Konstanten, und die Prüfgrößen enthalten noch den die Hypothese H_0 charakterisierenden Parameterwert ϑ_0. Die Umrechnung gemäß (4) macht jedoch keinerlei Schwierigkeiten.

So ist beim t-Test (Satz 4 von 6.4) die Annahmebedingung

$$-\bar{\varkappa} \leq \frac{(\bar{x} - \mu_0)\sqrt{n}}{\sqrt{\frac{1}{n-1}\sum_1^n (x_i - \bar{x})^2}} \leq \bar{\varkappa}$$

äquivalent zu

$$\mu_0 \in \left[\bar{x} - \frac{\bar{\varkappa}}{\sqrt{n}}\sqrt{\frac{1}{n-1}\sum_1^n (x_i - \bar{x})^2},\ \bar{x} + \frac{\bar{\varkappa}}{\sqrt{n}}\sqrt{\frac{1}{n-1}\sum_1^n (x_i - \bar{x})^2}\right] \tag{6}$$

Demnach stellt das Intervall aus (6) den zur Realisation x gehörenden Funktionswert $\delta_*(x)$ der gleichmäßig besten unverfälschten Intervallschätzfunktion δ_* für den Erwartungswert einer Normalverteilung (bei unbekannter Varianz) dar.

Satz 5 von Abschnitt 6.4 liefert eine gleichmäßig beste unverfälschte Intervallschätzfunktion δ_* für die Varianz einer Normalverteilung (bei unbekanntem Erwartungswert):

$$\delta_*(x) = \left[\frac{1}{\varkappa_2}\sum_1^n (x_i - \bar{x})^2, \frac{1}{\varkappa_1}\sum_1^n (x_i - \bar{x})^2\right], \text{ ($\varkappa_1$ und $\varkappa_2$ aus Satz 5 von 6.4)}$$

Die Übertragung der Sätze 6, 7 und 8 liefert Konfidenzintervalle für die Differenz zweier Erwartungswerte bzw. den Quotienten zweier Varianzen. Für die Übertragung müssen diese Sätze allerdings etwas allgemeiner formu-

[1] Es läßt sich zeigen, daß die $\varkappa_i$ wachsende Funktionen von ϑ sind, sobald die Funktion $b(\vartheta)$ (aus dem Exponentialausdruck) monoton wachsend ist; dies können wir jedoch o.E.d.A. voraussetzen.

liert werden, so daß auch die Nullhypothesen $H_0: \mu_2 - \mu_1 = \beta$ (für $\beta \neq 0$) bzw. $\frac{\sigma_2^2}{\sigma_1^2} = \beta$ (für $\beta \neq 1$) erfaßt werden. Dann ergibt sich

— die gleichmäßig beste Intervallschätzfunktion δ_* für die Differenz $\mu_2 - \mu_1$ der Erwartungswerte zweier Normalverteilungen bei bekannter Varianz σ_0^2:

$$\delta_*(x, y) = \left[\bar{y} - \bar{x} - \bar{\varkappa}\sigma_0 \sqrt{\frac{n_1 + n_2}{n_1 \cdot n_2}},\ \bar{y} - \bar{x} + \bar{\varkappa}\sigma_0 \sqrt{\frac{n_1 + n_2}{n_1 \cdot n_2}}\right], \text{ ($\bar{\varkappa}$ aus Satz 6 von 6.4)}$$

— die gleichmäßig beste Intervallschätzfunktion δ_* für die Differenz $\mu_2 - \mu_1$ der Erwartungswerte zweier Normalverteilungen bei unbekannter Varianz:

$$\delta_*(x, y) = [\bar{y} - \bar{x} - \bar{\varkappa} \cdot S,\ \bar{y} - \bar{x} + \bar{\varkappa} \cdot S], \text{ ($\bar{\varkappa}$ aus Satz 7 von 6.4)}$$

$$\text{wobei } S^2 = \frac{n_1 + n_2}{n_1 \cdot n_2 (n_1 + n_2 - 2)} \left(\sum (x_i - \bar{x})^2 + \sum (y_i - \bar{y})^2\right)$$

— die gleichmäßig beste Intervallschätzfunktion δ_* für den Quotienten $\frac{\sigma_2^2}{\sigma_1^2}$ zweier Normalverteilungen bei unbekannten Erwartungswerten:

$$\delta_*(x, y) = \left[\frac{1 - \varkappa_2}{\varkappa_2} \cdot \frac{\sum_1^n (y_i - \bar{y})^2}{\sum_1^n (x_i - \bar{x})^2},\ \frac{1 - \varkappa_1}{\varkappa_1} \cdot \frac{\sum_1^n (y_i - \bar{y})^2}{\sum_1^n (x_i - \bar{x})^2}\right], \text{ ($\varkappa_1, \varkappa_2$ aus Satz 8}$$

von 6.4)

6.6 Aufgaben

Aufgabe 1:

Man zeige, daß die Klasse der Normalverteilungen

a) bei bekannter Varianz σ_0^2
b) bei bekanntem Erwartungswert μ_0
c) bei unbekannter Varianz und unbekanntem Erwartungswert jeweils eine Exponentialfamilie bildet.

Lösung:

a) $$f(x \mid \mu) = \frac{1}{\sqrt{2\pi}\,\sigma_0} \exp\left[-\frac{1}{2\sigma_0^2}(x - \mu)^2\right]$$

$$= \frac{1}{\sqrt{2\pi}\,\sigma_0} \exp\left[-\frac{x^2}{2\sigma_0^2} - \frac{\mu^2}{2\sigma_0^2} + \frac{\mu x}{\sigma_0^2}\right]$$

$$= \frac{1}{\sqrt{2\pi}\,\sigma_0} \exp\left(-\frac{\mu^2}{2\sigma_0^2}\right) \exp\left(-\frac{x^2}{2\sigma_0^2}\right) \exp\left(\frac{\mu}{\sigma_0^2}\, x\right),$$

es liegt also eine einparametrige Exponentialfamilie mit $T(x) = x$ vor.

b) $f(x \mid \sigma^2) = \frac{1}{\sqrt{2\pi}\,\sigma} \exp\left[-\frac{1}{2\sigma^2}(x-\mu_0)^2\right]$

es liegt also eine einparametrige Exponentialfamilie mit $T(x) = (x-\mu_0)^2$ vor.

c) $f(x \mid \mu, \sigma^2) = \frac{1}{\sqrt{2\pi}\,\sigma} \exp\left(-\frac{\mu^2}{2\sigma^2}\right) \exp\left[\frac{\mu}{\sigma^2}x - \frac{1}{2\sigma^2}x^2\right]$

es liegt also eine zweiparametrige Exponentialfamilie mit $T(x) = (T_1(x), T_2(x)) = (x, x^2)$ vor.

Bei n unabhängigen Wiederholungen ist nach dem Satz von 6.1 entsprechend:

bei a) $T(x) = \sum_1^n x_i$

bei b) $T(x) = \sum_1^n (x_i - \mu_0)^2$

bei c) $T(x) = \left(\sum x_i, \sum x_i^2\right)$

Aufgabe 2:

Enthält eine Grundgesamtheit einwandfreie und defekte Elemente, ist die Wahrscheinlichkeit für die Ziehung eines defekten Elements gleich ϑ, und werden solange Elemente gezogen, bis eine vorgegebene Anzahl m defekter Elemente erreicht ist, so ist die hierzu benötigte Anzahl $m+X$ gezogener Elemente negativ binomialverteilt mit

$$f(x \mid \vartheta) = \binom{m+x-1}{x} \vartheta^m (1-\vartheta)^x \qquad x = 0, 1, 2, \ldots$$

Man zeige, daß bei festem m eine Exponentialfamilie vorliegt.

Lösung

$$f(x \mid \vartheta) = \binom{m+x-1}{x} \vartheta^m \cdot \exp\left[x \log(1-\vartheta)\right]$$

Aufgabe 3:

Man zeige, daß $T(x) = (T_1(x), T_2(x)) = (\min\{x_1, \ldots, x_n\}, \max\{x_1, \ldots, x_n\})$ suffizient für die Parameter ϑ_1, ϑ_2 der Gleichverteilungen über dem Intervall $(\vartheta_1, \vartheta_2)$ ist.

Lösung:

Sind $X_1, X_2, \ldots, X_n$ unabhängige Wiederholungen einer über $(\vartheta_1, \vartheta_2)$ gleichverteilten Zufallsvariablen, so besitzt $X = (X_1, X_2, \ldots, X_n)$ die Dichte

$$f(x \mid \vartheta) = \begin{cases} (\vartheta_2 - \vartheta_1)^{-n}, & \text{falls } \vartheta_1 < x_i < \vartheta_2 \text{ für } i = 1, 2, \ldots, n \\ 0, & \text{sonst.} \end{cases}$$

Da die n Bedingungen: $\vartheta_1 < x_1 < \vartheta_2, \ldots, \vartheta_1 < x_n < \vartheta_2$ äquivalent zu den beiden Bedingungen: $\min\{x_1, \ldots, x_n\} > \vartheta_1$, $\max\{x_1, \ldots, x_n\} < \vartheta_2$ sind, hängt die Dichte $f(x \mid \vartheta)$ außer von ϑ_1, ϑ_2 nur von $T_1(x) = \min\{x_1, \ldots, x_n\}$ und $T_2(x) = \max\{x_1, \ldots, x_n\}$ ab und erfüllt die erforderliche Zerlegungseigenschaft [Formel (1) von 6.2].

Aufgabe 4:

Ein in der Praxis besonders häufig auftretendes Problem ist der Vergleich der Mittelwerte $\mu_1, \mu_2, \ldots, \mu_q$ von q Grundgesamtheiten (Grundproblem der Varianzanalyse). Meist will man dabei entweder die Auswirkungen von q verschiedenen (psychologischen, soziologischen, technologischen, medizinischen ...) Faktoren oder die Auswirkungen von q verschiedenen Intensitätsstufen eines Faktors auf die Untersuchungsobjekte feststellen.

Nach den Grundannahmen der Varianzanalyse werden unabhängige und normalverteilte Zufallsvariablen X_{ij} beobachtet, wobei alle X_{ij} die gleiche Varianz σ^2 besitzen und $X_{i1}, \ldots, X_{in_i}$ aus der i-ten Grundgesamtheit (mit dem Mittelwert μ_i) stammen. Die Stichprobenvariable X besitzt demnach $n = \sum_i n_i$ Komponenten:

$$X = (X_{11}, X_{12}, \ldots, X_{1n_1}, X_{21}, \ldots, X_{2n_2}, \ldots, X_{qn_q}),$$

dabei ist X_{ij} gemäß $\mathfrak{N}(\mu_i, \sigma^2)$ verteilt.

a) Gesucht ist eine suffiziente und vollständige Statistik für den Parameter $\vartheta = (\mu_1, \mu_2, \ldots, \mu_q, \sigma^2) \in \mathbb{R}^q \times \mathbb{R}_+$.

b) Mit Hilfe von a) und Satz 1 von 6.3 sind (bez. der quadrat. Schadensfunktion) gleichmäßig beste erwartungstreue Schätzfunktionen für $\mu_1, \mu_2, \ldots, \mu_q, \sigma^2$ anzugeben.

Lösung:

Aufgrund der Verteilungsannahmen besitzt X die Dichte

$$f(x_{11}, \ldots, x_{qn_q} \mid \mu_1, \ldots, \mu_q, \sigma^2) = \left(\frac{1}{\sqrt{2\pi}\,\sigma}\right)^q \exp\left[-\frac{1}{2\sigma^2}\sum_i\sum_j (x_{ij} - \mu_i)^2\right]$$

$$= \left(\frac{1}{\sqrt{2\pi}\,\sigma}\right)^q \exp\left[-\frac{1}{2\sigma^2}\sum_{i,j} x_{ij}^2 + \frac{1}{\sigma^2}\sum_i \mu_i \sum_j x_{ij} - \frac{1}{2\sigma^2}\sum_i n_i \mu_i^2\right]$$

$$= \left(\frac{1}{\sqrt{2\pi}\,\sigma}\right)^q \exp\left(-\frac{1}{2\sigma^2}\sum_i n_i \mu_i^2\right) \exp\left[\sum_i \frac{\mu_i}{\sigma^2}\sum_j x_{ij} - \frac{1}{2\sigma^2}\sum_{i,j} x_{ij}^2\right]$$

a) Aus dieser Darstellung ersieht man, daß eine $(q+1)$-parametrige Exponentialfamilie vorliegt und $T(x) = \left(\sum_j x_{1j}, \sum_j x_{2j}, \ldots, \sum_j x_{qj}, \sum_{i,j} x_{ij}^2\right)$ suffizient für $\vartheta = (\mu_1, \mu_2, \ldots, \mu_q, \sigma^2)$ ist. Weiterhin ist $T(x)$ vollständig, denn die Menge B von 6.2, Satz 2 ist hier durch

$$\left\{\frac{1}{\sigma^2}\left(\mu_1, \mu_2, \ldots, \mu_q, -\frac{1}{2}\right) \in \mathbb{R}^{q+1}: (\mu_1, \ldots, \mu_q, \sigma^2) \in \mathbb{R}^q \times \mathbb{R}_+\right\}$$

gegeben und enthält ein nichtentartetes $(q+1)$ dimensionales Intervall.

b) Das Stichprobenmittel $\overline{X}_i = \frac{1}{n_i} \sum_{j=1}^{n_i} X_{ij}$ der i-ten Grundgesamtheit ist erwartungstreu für μ_i und hängt nur von der suffizienten vollständigen Statistik $T(x)$ ab. Nach 6.3, Satz 1 ist $\delta(x) = \frac{1}{n_i} \sum_j x_{ij}$ eine bez. der quadratischen Schadensfunktion gleichmäßig beste erwartungstreue Schätzfunktion für μ_i.

Weiterhin gilt:

$$E_\vartheta\left[\frac{1}{n-q}\sum_i\sum_j(X_{ij}-\overline{X}_i)^2\right] = E_\vartheta\left[\frac{1}{n-q}\left(\sum_{i,j} X_{ij}^2 - \sum_i n_i \overline{X}_i^2\right)\right]$$

$$= \frac{1}{n-q}\left[\sum_{i,j} E(X_{ij}^2) - \sum_i n_i E(\overline{X}_i^2)\right]$$

$$= \frac{1}{n-q}\left[\sum_{i,j}(\sigma^2+\mu_i^2) - \sum_i \frac{n_i}{n_i^2}(n_i^2\,\mu_i^2 + n_i\,\sigma^2)\right]$$

$$= \frac{1}{n-q}\left[n\,\sigma^2 + \sum_i n_i\,\mu_i^2 - \sum_i n_i\,\mu_i^2 - q\,\sigma^2\right] = \sigma^2.$$

Wegen dieser Erwartungstreue und der alleinigen Abhängigkeit von $T(x)$ ist

$$\delta(x) = \frac{1}{n-q}\sum_i\sum_j(x_{ij}-\bar{x}_i)^2$$

eine gleichmäßig beste erwartungstreue Schätzfunktion für die Varianz σ^2.

Aufgabe 5:

Am Schluß des Abschnitts 6.3 wurde behauptet, daß bei unsymmetrischen Schadensfunktionen eine gleichmäßig beste erwartungstreue Schätzfunktion nicht zulässig zu sein braucht. Betrachten wir zur Begründung dieser Behauptung folgendes einfache Beispiel:

Die Entscheidung über eine Produktionsumstellung sei von der Größe eines Parameters ϑ abhängig; der Parameterbereich Θ sei das Intervall $[0, 1]$. Eine ähnliche Situation liegt den Beispielen 2 und 3 von 1.2 zugrunde. Nehmen wir an, daß eine Überschätzung von ϑ wesentlich gravierendere Folgen als eine Unterschätzung hat, so daß folgende Schadensfunktion

$$s(\vartheta, \mathrm{d}) \begin{cases} = 0, & \text{falls } \mathrm{d} \leqq \vartheta \\ > 0, & \text{falls } \mathrm{d} > \vartheta \end{cases} \tag{1}$$

angemessen erscheint (Fig. 15), daß weiterhin die Voraussetzungen von 6.3, Satz 1 erfüllt sind, und eine bez. der quadratischen Schadensfunktion gleichmäßig beste erwartungstreue Schätzfunktion δ_* für ϑ existiert. Wegen der

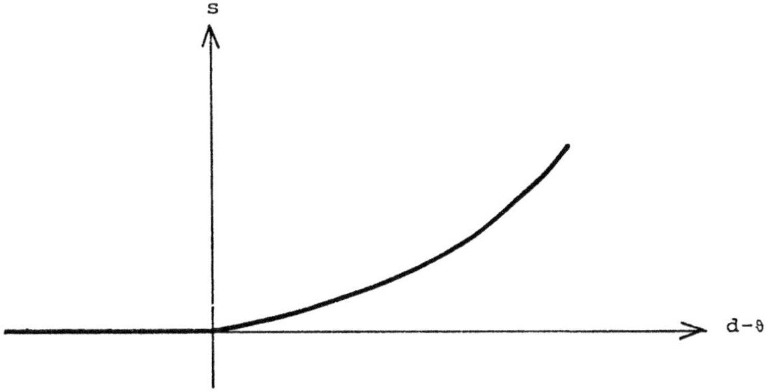

Fig. 15

Konvexität der Schadensfunktion (1) (in der Variablen d), ist δ_* nach 6.3, Satz 1 auch bez. der Schadensfunktion (1) eine gleichmäßig beste erwartungstreue Schätzfunktion für ϑ.

Ist δ_* zulässig bez. der Klasse aller Schätzfunktionen für ϑ (vgl. S. 126)?

Lösung:

Nein, denn die (nicht erwartungstreue) Schätzfunktion $\delta_0(x) \equiv 0$ besitzt eine überall verschwindende Risikofunktion.

Aufgabe 6:

Im Beispiel 2 von 1.2 werde die Abriebfestigkeit des neuentwickelten Materials als normalverteilte Zufallsvariable mit unbekannter Varianz angenommen. Zur Entscheidung über die fragliche Umstellung soll ein t-Test zu einem geeigneten Signifikanzniveau α angewandt werden. Es werde die durch die beiden Werte s_0 und s_1 festgelegte stückweise konstante Schadensfunktion zugrunde gelegt und der Wert s_1 fünfmal so groß wie s_0 einkalkuliert. Welche Wahl von α schreibt das Minimax-Prinzip vor?

(Hinweis: Die Gütefunktion eines t-Tests ist monoton wachsend).

Lösung:

Da die Gütefunktion eines t-Tests monoton wachsend ist, zeigt die Risikofunktion einen Fig. 12 entsprechenden Verlauf. Nach den Ausführungen am Ende von 6.4 schreibt das Minimax-Prinzip das Signifikanzniveau

$$\alpha = \frac{s_0}{s_0 + 5\,s_0} = \frac{1}{6}$$

vor.

7 Bayes-Verfahren

Hat man gewisse (subjektive oder objektive) Anhaltspunkte dafür, daß bestimmte Zustände der Umwelt eher als andere dem wahren Zustand ϑ entsprechen, so wird man versuchen, diese Vorinformation bei der Auswahl (oder Konstruktion) des einzusetzenden statistischen Verfahrens zu verwerten.

Betrachten wir hierzu das Beispiel 3 von Abschnitt 1.2, bei dem es um die Ermittlung des Bevorzugungsgrades ϑ und um die zugehörige Produktionsanpassung geht. Vorinformationen über ϑ können resultieren aus Erfahrungen in ähnlich gelagerten Situationen, aus Meinungsbildungen unter den maßgeblichen Fachleuten der Unternehmung usw. Erachtet der Entscheidungsträger die Vorinformation als besonders zuverlässig, so wird er (wie bereits in 5.2 erläutert) völlig auf eine Stichprobenziehung verzichten und die bez. der Vorinformation optimale Entscheidung wählen. Wird etwa in unserem Beispiel die Vorinformation, daß der wahre Parameterwert 0,6 beträgt, als besonders zuverlässig eingeschätzt, so wird man (ohne Stichprobenziehung) entscheiden, daß 60% der Gesamtproduktion auf das Produkt P' entfallen soll. Wird die Vorinformation dagegen als besonders unzuverlässig erachtet, so wird natürlich auf eine Einbeziehung dieser Vorinformation in die Auswahl des statistischen Verfahrens verzichtet werden. Liegt keiner dieser extremen Fälle vor, so wird man sich weder voll auf die Vorinformation noch voll auf die Stichprobe verlassen, sondern wird sowohl die Vorinformation als auch die Stichprobe geeignet berücksichtigen. Genau dies geschieht bei dem Vorgehen nach dem Bayes-Prinzip. Im Abschnitt 7.3 werden wir unser Beispiel nochmals aufgreifen und die Auswirkungen verschiedener Vorinformationen diskutieren. In den beiden Abschnitten 7.1 und 7.2 werden die a posteriori Verteilung erläutert und Berechnungsmöglichkeiten für Bayes-Verfahren aufgezeigt.

In diesem Paragraphen wollen wir generell voraussetzen, daß Vorinformationen über das wahre ϑ in Form einer a priori Bewertung φ gegeben sind (vgl. 5.2) und daß diese a priori Bewertung eine Dichte oder Wahrscheinlichkeitsfunktion besitzt; die Dichte oder Wahrscheinlichkeitsfunktion wollen wir ebenfalls mit φ bezeichnen. Wir nehmen weiter an, daß alle vorkommenden Risikoerwartungswerte

$$E_\varphi E_\vartheta s(\vartheta, \delta) = E_\varphi r(\vartheta, \delta)$$

existieren und verwenden für den Risikoerwartungswert ferner folgende Abkürzung:

$$E_\varphi r(\vartheta, \delta) = r(\varphi, \delta)$$

7.1 A priori und a posteriori Verteilungen

Da unsere Vorinformation aus einer Dichte oder Wahrscheinlichkeitsfunktion φ über Θ besteht, ist ϑ als Zufallsvariable aufzufassen. Man bezeichnet die zu φ gehörende Verteilungsfunktion als *a priori Verteilung* von ϑ.

Nach Beobachtung der Stichprobenrealisation x liegt folgende Fragestellung nahe: Wie bekommt man aus der a priori Bewertung φ und dem experimentellen Befund x eine „verbesserte Bewertung" ψ für ϑ?

Da es keineswegs selbstverständlich ist, was in diesem Zusammenhang unter einer „Verbesserung" zu verstehen ist, gibt es verschiedene Möglichkeiten, φ und x ein ψ zuzuordnen [1]).

Eine dieser Möglichkeiten beruht auf dem Bayesschen Theorem, definiert ψ als bedingte Wahrscheinlichkeit bzw. bedingte Dichte und ist für die Berechnung von Bayes-Verfahren von besonderer Bedeutung. Zur Erläuterung seien der Einfachheit halber sowohl X als auch ϑ diskrete Zufallsvariablen. Die Wahrscheinlichkeit, daß X den Wert x und der Zustand der Umwelt den Wert ϑ annimmt, ist dann

$$\varphi(\vartheta) \cdot f(x \mid \vartheta) \tag{1}$$

während die Wahrscheinlichkeit, daß X den Wert x annimmt, durch

$$W(X=x) = \sum_{\vartheta \in \Theta} \varphi(\vartheta) f(x \mid \vartheta) \tag{2}$$

gegeben ist. Nach dem Bayesschen Satz ist die (bedingte) Wahrscheinlichkeit, daß unter der Bedingung $X=x$ der Zustand der Umwelt den Wert ϑ annimmt, durch den Quotienten von (1) und (2) gegeben. Diese bedingte Wahrscheinlichkeit werde mit $\psi(\vartheta \mid x)$ bezeichnet und als „Verbesserung" von $\varphi(\vartheta)$ aufgefaßt:

$$\psi(\vartheta \mid x) = \frac{\varphi(\vartheta) f(x \mid \vartheta)}{\sum\limits_{\vartheta \in \Theta} \varphi(\vartheta) f(x \mid \vartheta)} \tag{3}$$

Analog definiert man $\psi(\vartheta \mid x)$ im kontinuierlichen Fall:

$$\psi(\vartheta \mid x) = \frac{\varphi(\vartheta) f(x \mid \vartheta)}{\int\limits_{\Theta} \varphi(\vartheta) f(x \mid \vartheta)\, d\vartheta} \tag{4}$$

---

[1]) Unter gewissen plausiblen Annahmen [*Richter*, 1963] läßt sich jedoch zeigen, daß ψ bis auf eine normierende Konstante durch das Produkt

$$\varphi(\vartheta) \cdot (f(x \mid \vartheta))^r \qquad (\text{wobei } r > 0)$$

von φ und der r-ten Potenz der Likelihood-Funktion $f(x \mid \vartheta)$ gegeben ist. Der Exponent r hat eine interessante anschauliche Bedeutung; es ist ein Maß für das Vertrauen in den experimentellen Befund: Strebt r gegen Null, so strebt ψ gegen φ; die Beobachtung von x stellt die a priori Bewertung nicht in Frage. Für große Werte von r wird dem experimentellen Befund dagegen ein extrem starkes Gewicht gegenüber den Vorinformationen gegeben. Für $r=1$ ergibt sich die übliche a posteriori Bewertung.

Die durch (3) definierte Wahrscheinlichkeitsfunktion bzw. die durch (4) definierte Dichte ψ bezeichnet man als die zur a priori Bewertung φ gehörende *a posteriori Bewertung* von ϑ, und die zugehörige Verteilungsfunktion als *a posteriori Verteilung* von ϑ.

Die a posteriori Bewertung ψ ergibt sich also bis auf die Division durch den Normierungsfaktor

$$\sum_{\vartheta \in \Theta} \varphi(\vartheta) f(x \mid \vartheta) \quad \text{bzw.} \quad \int_{\Theta} \varphi(\vartheta) f(x \mid \vartheta) \, d\vartheta \tag{5}$$

als Produkt der a priori Bewertung φ und der Likelihood-Funktion $f(x \mid \vartheta)$.

Bezeichnen wir den Normierungsfaktor (5), der die Randwahrscheinlichkeit bzw. Randdichte (Marginaldichte) der Zufallsvariablen X angibt, mit $f(x)$, so ergibt sich folgende in 7.2 benötigte Beziehung:

$$\varphi(\vartheta) f(x \mid \vartheta) = f(x) \psi(\vartheta \mid x) \tag{6}$$

7.2 Berechnung von Bayes-Verfahren

Wie bereits bekannt, ist δ_* ein Bayes-Verfahren bez. der a priori Bewertung φ, wenn δ_* den Risikoerwartungswert

$$r(\varphi, \delta) = E_{\varphi} r(\vartheta, \delta)$$

minimiert. Die Berücksichtigung von randomisierten Verfahren ist nicht erforderlich, da in jeder beliebigen Klasse Δ unter den Bayes-Verfahren bez. φ (sofern überhaupt derartige Bayes-Verfahren existieren) ein nichtrandomisiertes Verfahren zu finden ist. Das Minimierungsproblem kann man natürlich direkt zu lösen versuchen. Da die Größe δ, bez. der minimiert wird, auch bei ausschließlicher Berücksichtigung von nichtrandomisierten Verfahren keine einfache Variable, sondern eine Funktion (auf $\mathfrak{X}$) ist, dürfte der direkte Weg nicht der einfachste sein.

Ein günstigerer Weg besteht darin, daß man zuerst die a posteriori Bewertung $\psi(\vartheta \mid x)$ berechnet [1], dann den a posteriori Schadenserwartungswert

$$E_{\psi(\vartheta \mid x)} s(\vartheta, \mathrm{d}) = \sum_{\vartheta \in \Theta} s(\vartheta, \mathrm{d}) \psi(\vartheta \mid x) \tag{1}$$

$$\text{bzw.} = \int_{\Theta} s(\vartheta, \mathrm{d}) \psi(\vartheta \mid x) \, d\vartheta \tag{2}$$

bildet und schließlich diesen Schadenserwartungswert für festes x bez. d

[1] Die Berechnung von ψ anhand der Definitionen (3) oder (4) von 7.1 kann durch Ausnutzung des sog. „Suffizienz-Prinzips" [*Lindley*, 1965] vereinfacht werden; es besagt, daß $\psi(\vartheta \mid x)$ für alle x eines Niveaubereiches $\{x \in \mathfrak{X} : T(x) = t_0\}$ einer suffizienten Statistik T gleich ist (vgl. hierzu Aufgabe 3).
Eine Liste von a posteriori Verteilungen ist z. B. in dem Übersichtsaufsatz von *E. Helten* [1971] zu finden.

minimiert. Wie wir sogleich zeigen werden, ist diese Minimalstelle — wir wollen sie mit $\delta_*(x)$ bezeichnen — der Funktionswert eines Bayes-Verfahrens an der Stelle x; läßt man x variieren, so erhält man infolgedessen aus diesen Minimalstellen $\delta_*(x)$ ein Bayes-Verfahren δ_*.

Die Rechtfertigung für diese Vorgehensweise ist leicht zu liefern (wir beschränken uns auf den kontinuierlichen Fall; der diskrete Fall ist völlig analog zu behandeln):

Der bei der Ermittlung eines Bayes-Verfahrens δ_* zu minimierende Risikoerwartungswert ist

$$r(\varphi, \delta) = \int_{\Theta} \left[\int_{\mathfrak{X}} s(\vartheta, \delta(x)) f(x \mid \vartheta) \, dx\right] \varphi(\vartheta) \, d\vartheta$$

$$= \int_{\Theta} \int_{\mathfrak{X}} s(\vartheta, \delta(x)) f(x \mid \vartheta) \varphi(\vartheta) \, dx \, d\vartheta$$

Ersetzen wir hierin $f(x \mid \vartheta) \varphi(\vartheta)$ gemäß 7.1, Formel (6) durch $\psi(\vartheta \mid x) f(x)$, so ergibt sich

$$= \int_{\Theta} \int_{\mathfrak{X}} s(\vartheta, \delta(x)) \psi(\vartheta \mid x) f(x) \, dx \, d\vartheta \tag{3}$$

Setzen wir voraus, daß die Vertauschung der Integrationsreihenfolge[1] erlaubt ist, so ergibt sich weiter

$$r(\varphi, \delta) = \int_{\mathfrak{X}} \left[\int_{\Theta} s(\vartheta, \delta(x)) \psi(\vartheta \mid x) \, d\vartheta\right] f(x) \, dx \tag{4}$$

Aus (4) erkennt man, daß $r(\varphi, \delta)$ minimiert wird, wenn für jedes x die Entscheidung $\delta(x)$ derart gewählt wird, daß sie das innere Integral:

$$\int_{\Theta} s(\vartheta, \delta(x)) \psi(\vartheta \mid x) \, d\vartheta \tag{5}$$

minimiert. Dieses innere Integral ist jedoch gerade der a posteriori Schadenserwartungswert. Wegen 7.1, Formel (3) bzw. (4) kann statt (5) auch

$$\int_{\Theta} s(\vartheta, \delta(x)) \varphi(\vartheta) f(x \mid \vartheta) \, d\vartheta \tag{6}$$

minimiert werden.

Satz: *Ist die in (3) durchgeführte Vertauschung der Integrationsreihenfolge zulässig, so ergibt sich ein Bayes-Verfahren δ_* bez. der a priori Bewertung φ (falls überhaupt ein Bayes-Verfahren bez. φ existiert) folgendermaßen:*
Für jedes $x \in \mathfrak{X}$ ist $\delta_*(x)$ diejenige Entscheidung, die den a posteriori Schadenserwartungswert (1) bzw. (2) minimiert.

Sobald ein statistisches Entscheidungsproblem routinemäßig (d. h. für verschiedene Stichprobenrealisationen x) zu lösen ist, wird man mit Hilfe dieses Satzes ein Bayes-Verfahren δ_* zu berechnen versuchen. Sobald man jedoch nur eine einmalige Entscheidung (auf der Basis einer Stichprobenrealisation x)

[1] Diese Vertauschung dürfte bei allen in der Praxis auftretenden Problemen erlaubt sein.

zu treffen hat, ist eine Berechnung des Bayes-*Verfahrens* δ_* nicht erforderlich; man kann sich nach diesem Satz vielmehr auf die Berechnung der zur Realisation x gehörenden Bayes-*Entscheidung* $\delta_*(x)$ beschränken.

7.3 Bayessche Schätzverfahren

Der Satz des letzten Abschnitts ist für beliebige statistische Entscheidungsprobleme gültig. Wir wollen uns nun auf Schätzprobleme beschränken und voraussetzen, daß der Schätzung von ϑ die quadratische Schadensfunktion

$$s(\vartheta, \mathrm{d}) = (\vartheta - \mathrm{d})^2$$

zugrunde liegt. Dann liefert der Satz folgende Berechnungsvorschrift für eine Bayes-Schätzfunktion δ_* bez. φ:

Für jedes $x \in \mathfrak{X}$ ist $\delta_*(x)$ diejenige Entscheidung, die

$$\sum_{\vartheta \in \Theta} (\vartheta - \mathrm{d})^2 \,\psi(\vartheta \mid x) \quad \text{bzw.} \quad \int_{\Theta} (\vartheta - \mathrm{d})^2 \,\psi(\vartheta \mid x)\, \mathrm{d}\vartheta \tag{1}$$

minimiert. Aufgrund der wohlbekannten Minimalitätseigenschaft des Erwartungswertes wird (1) für

$$\delta_*(x) = \sum_{\vartheta \in \Theta} \vartheta \,\psi(\vartheta \mid x) \quad \text{bzw.} \quad \delta_*(x) = \int_{\Theta} \vartheta \,\psi(\vartheta \mid x)\, \mathrm{d}\vartheta \tag{2}$$

minimiert. Die Bayes-Entscheidung $\delta_*(x)$ ist demnach der a posteriori Erwartungswert von ϑ.

Setzen wir schließlich aus 7.1 die Definitionen (3) bzw. (4) von $\psi(\vartheta \mid x)$ in (2) ein, so erhalten wir im diskreten Fall:

$$\delta_*(x) = \frac{\sum_{\vartheta \in \Theta} \vartheta \,\varphi(\vartheta)\, f(x \mid \vartheta)}{\sum_{\vartheta \in \Theta} \varphi(\vartheta)\, f(x \mid \vartheta)} \tag{3}$$

und im kontinuierlichen Fall:

$$\delta_*(x) = \frac{\int_{\Theta} \vartheta \,\varphi(\vartheta)\, f(x \mid \vartheta)\, \mathrm{d}\vartheta}{\int_{\Theta} \varphi(\vartheta)\, f(x \mid \vartheta)\, \mathrm{d}\vartheta} \tag{4}$$

Zur Erläuterung der eingangs des Paragraphen angedeuteten Bemerkung, daß beim Bayes-Prinzip sowohl die Stichprobe als auch die Vorinformation φ geeignet berücksichtigt werden, sei nun wiederum das Beispiel 3 von Abschnitt 1.2 betrachtet:

Wir nehmen an, daß die Vorinformationen über ϑ durch folgende Dichte

$$\varphi(\vartheta) = (\alpha + 1)\, \vartheta^{\alpha}, \quad \vartheta \in [0, 1], \quad \alpha \geqq 0 \tag{5}$$

adäquat beschrieben werden. Mit Ausnahme von $\alpha = 0$ wächst die durch (5) gegebene Dichte φ monoton mit ϑ, so daß größere ϑ-Werte gegenüber kleineren ϑ-Werten bevorzugt werden. Für $\alpha = 0$ erhält man eine Gleichverteilung über [0, 1]; wachsende positive Werte von α entsprechen einer wachsenden a priori Bevorzugung größerer ϑ-Werte (vgl. Fig. 16).

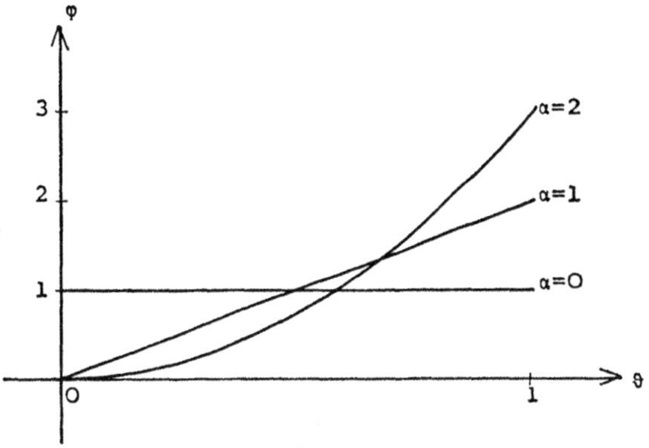

Fig. 16

Wir wollen die Auswirkungen von φ in Abhängigkeit von

$$\alpha = 0, 1, 2, 3, \ldots$$

diskutieren. Da ϑ die Wahrscheinlichkeit dafür angibt, daß eine zufällig ausgewählte Person das Produkt P' dem Produkt P vorzieht, ist

$$f(x \mid \vartheta) = \binom{n}{\sum x_i} \vartheta^{\sum x_i} (1-\vartheta)^{n-\sum x_i}$$

oder kürzer, da es nur auf die Summe $k = \sum x_i$ (= Anzahl derjenigen der befragten n Kunden, die P' bevorzugen) ankommt:

$$f(k \mid \vartheta) = \binom{n}{k} \vartheta^k (1-\vartheta)^{n-k} \qquad k = 0, 1, \ldots, n.$$

Aus (4) ergibt sich die Bayes-Entscheidung $\delta_*(k)$ bzw. die Bayes-Schätzfunktion δ_*:

$$\delta_*(k) = \frac{\int_0^1 \vartheta (\alpha+1) \vartheta^\alpha \binom{n}{k} \vartheta^k (1-\vartheta)^{n-k} \, d\vartheta}{\int_0^1 (\alpha+1) \vartheta^\alpha \binom{n}{k} \vartheta^k (1-\vartheta)^{n-k} \, d\vartheta} = \frac{\int_0^1 \vartheta^{\alpha+k+1} (1-\vartheta)^{n-k} \, d\vartheta}{\int_0^1 \vartheta^{\alpha+k} (1-\vartheta)^{n-k} \, d\vartheta};$$

nach einer kleinen Nebenrechnung erhält man hieraus

$$\delta_*(k) = \frac{k+\alpha+1}{n+\alpha+2} \tag{6}$$

Ein Vergleich dieser Schätzfunktion δ_* mit derjenigen Schätzfunktion, die ohne Vorliegen einer a priori Bewertung φ eingesetzt worden wäre, bedingt natürlich eine Präzisierung der bei Fehlen einer a priori Bewertung einzusetzenden Schätzfunktion.

Eine naheliegende Annahme besteht darin, daß ohne a priori Bewertung eine gleichmäßig beste erwartungstreue Schätzfunktion eingesetzt wird, also nach 6.3, Satz 2 die durch

$$\delta_0(k) = \frac{k}{n} \tag{7}$$

definierte Schätzfunktion δ_0.

Vergleicht man die beiden Schätzfunktionen (6) und (7) bzw. die daraus resultierenden Entscheidungen, so zeigt sich: $\delta_*(k)$ ist größer (kleiner) als $\frac{k}{n}$, sobald $\frac{k}{n}$ kleiner (größer) als

$$\frac{\alpha+1}{\alpha+2} \tag{8}$$

ist. Für $\alpha = 0$ ist $\delta_*(k)$ demnach größer (kleiner) als das Stichprobenmittel $\frac{k}{n}$, sofern dieses kleiner (größer) als $\frac{1}{2}$ ist; d. h. die Bayes-Schätzfunktion δ_* verschiebt die durch bloße Berücksichtigung der Stichprobenrealisation resultierende Entscheidung in Richtung auf $\vartheta = \frac{1}{2}$. Analog bewirkt δ_* für $\alpha > 0$ eine Verschiebung in Richtung auf den durch (8) angegebenen Wert. Wachsende Werte von α lassen (8) monoton gegen 1 streben, wodurch diese Verschiebung (entsprechend der wachsenden a priori Bevorzugung größerer ϑ-Werte) immer stärker in Richtung auf $\vartheta = 1$ hin tendiert.

Abschließend sei darauf hingewiesen, daß diese „Korrektur" der Stichprobenergebnisse nicht das einzige Argument für die Betrachtung von Bayes-Verfahren darstellt. Vielmehr sind auch in den Fällen, in denen keine oder nur unzuverlässige Vorinformationen vorliegen, die Bayes-Verfahren von Interesse, denn in der Regel bildet die Gesamtheit aller Bayes-Verfahren eine vollständige Klasse von Verfahren (vgl. hierzu den übernächsten Paragraphen).

7.4 Aufgaben

Aufgabe 1:

Wie in 7.3 werde wiederum das Beispiel 3 von 1.2 betrachtet. Die a priori Bewertung φ sei diskret und bewerte $\vartheta = \frac{1}{2}$ und $\vartheta = \frac{2}{3}$ jeweils mit der Wahrscheinlichkeit $\frac{1}{2}$:

$$\varphi\left(\frac{1}{2}\right) = \varphi\left(\frac{2}{3}\right) = \frac{1}{2}$$

Die Schadensfunktion sei quadratisch. Man bestimme eine zugehörige Bayessche Schätzfunktion.

Lösung:

Nach 7.2, Formel (6) bzw. dem diskreten Analogon ist

$$\frac{1}{2}\left(\frac{1}{2}-\mathrm{d}\right)^2\binom{n}{k}\frac{1}{2^n}+\frac{1}{2}\left(\frac{2}{3}-\mathrm{d}\right)^2\binom{n}{k}\left(\frac{2}{3}\right)^k\left(\frac{1}{3}\right)^{n-k}$$

bez. d zu minimieren. Als Minimalstelle ergibt sich

$$\frac{3^{n+1}+2^{n+k+2}}{2\cdot 3^{n+1}+3\cdot 2^{n+k+1}} \tag{1}$$

Definiert man $\delta_*(k)$ durch den Wert (1), so ist δ_* die gesuchte Bayessche Schätzfunktion. Durch Einsetzen in 7.3, Formel (3) ergibt sich natürlich dasselbe Ergebnis.

Aufgabe 2:

Es sei zu entscheiden, welche der folgenden q Dichten oder Wahrscheinlichkeitsfunktionen

$$f(x \mid \vartheta_1), \ldots, f(x \mid \vartheta_q)$$

der wahren Wahrscheinlichkeitsverteilung entspricht. Derartige Fragestellungen werden als Klassifikationsprobleme bezeichnet und sind Gegenstand der Diskriminanzanalyse (vgl. *Hoel* und *Peterson* [1949]). d_i sei die Entscheidung für ϑ_i;

$$s(\vartheta_i, \mathrm{d}_j) = \begin{cases} 1, & \text{falls } i \neq j \\ 0; & \text{falls } i = j \end{cases},$$

d. h. falsche (bzw. richtige) Klassifikation führt zum Schaden 1 (bzw. 0).

Durch die q Wahrscheinlichkeiten

$$\varphi(\vartheta_1), \ldots, \varphi(\vartheta_q)$$

sei die a priori Bewertung φ definiert. Man bestimme ein Bayes-Verfahren.

Lösung:

Nach 7.2, Formel (6) bzw. dem diskreten Analogon ist $j \in \{1, 2, \ldots, q\}$ so zu bestimmen, daß

$$\sum_{i=1}^{q} s(\vartheta_i, \mathrm{d}_j)\, \varphi(\vartheta_i)\, f(x \mid \vartheta_i) \tag{2}$$

minimiert wird.

Wegen

$$\begin{aligned}\sum_{i=1}^{q} s(\vartheta_i, \mathrm{d}_j)\, \varphi(\vartheta_i)\, f(x \mid \vartheta_i) &= \sum_{i \neq j} \varphi(\vartheta_i)\, f(x \mid \vartheta_i) \\ &= \sum_{i=1}^{q} \varphi(\vartheta_i)\, f(x \mid \vartheta_i) - \varphi(\vartheta_j)\, f(x \mid \vartheta_j)\end{aligned}$$

wird (2) genau dann minimiert, wenn

$$\varphi(\vartheta_j)\, f(x \mid \vartheta_j) \tag{3}$$

maximiert wird. Demnach kann das gesuchte Bayes-Verfahren δ_* folgendermaßen beschrieben werden: Beobachtet man die Stichprobenrealisation x, so entscheidet man sich für diejenige Verteilung, die das Produkt (3) aus Vorbewertung φ und Likelihood-Funktion f maximiert.

Aufgabe 3:

Sei T eine suffiziente Statistik für ϑ, d. h. es gelte gemäß 6.2

$$f(x \mid \vartheta) = h(x)\, g(\vartheta, T(x))$$

Ist dann für jede a priori Bewertung φ sowohl die a posteriori Bewertung ψ als auch jedes Bayes-Verfahren eine Funktion von T?

Lösung:

Sei φ eine Dichte (der diskrete Fall ist analog zu behandeln).

$$\psi(\vartheta \mid x) = \frac{\varphi(\vartheta)\, h(x)\, g(\vartheta, T(x))}{\int\limits_{\Theta} \varphi(\vartheta)\, h(x)\, g(\vartheta, T(x))\, d\vartheta} = \frac{\varphi(\vartheta)\, g(\vartheta, T(x))}{\int\limits_{\Theta} \varphi(\vartheta)\, g(\vartheta, T(x))\, d\vartheta},$$

also ist die a posteriori Bewertung ψ eine Funktion von T. Zur Ermittlung eines Bayes-Verfahrens ist wegen 7.2, Formel (6)

$$\int\limits_{\Theta} s(\vartheta, d)\, \varphi(\vartheta)\, h(x)\, g(\vartheta, T(x))\, d\vartheta$$

zu minimieren. Da $h(x)$ nicht negativ ist und vor das Integral gezogen werden kann, ist

$$\int\limits_{\Theta} s(\vartheta, d)\, \varphi(\vartheta)\, g(\vartheta, T(x))\, d\vartheta$$

zu minimieren. Da die Minimalstelle eine Funktion von T ist, hängt auch jedes Bayes-Verfahren nur über T von x ab.

8 Minimax-Verfahren

Die Verwendung des Minimax-Kriteriums bietet sich dann an, wenn

— im Gegensatz zu § 6 die betrachtete Klasse Δ kein gleichmäßig bestes Verfahren enthält und

— im Gegensatz zu § 7 (zusätzlich zur Kenntnis von Θ) keinerlei Information über die Lage des wahren Zustands ϑ vorliegt.

Nach 5.2 läßt sich auch bei der Einbeziehung einer (nicht detaillierten) Vorinformation das Minimax-Kriterium verwenden.

Einige allgemeine Hinweise für die Berechnung von Minimax-Verfahren werden in 8.1 zusammengestellt. Die Abschnitte 8.2, 8.3 und 8.4 behandeln eine Variante des Minimax-Kriteriums sowie spezielle Schätz- und Testprobleme.

8.1 Berechnung von Minimax-Verfahren

Definitionsgemäß ist δ_* ein Minimax-Verfahren in Δ, wenn sein Risikosupremum

$$\sup_{\vartheta \in \Theta} r(\vartheta, \delta_*)$$

minimal ist:

$$\sup_{\vartheta \in \Theta} r(\vartheta, \delta_*) = \min_{\delta \in \Delta} \sup_{\vartheta \in \Theta} r(\vartheta, \delta) \tag{1}$$

Sei Δ zunächst eine Klasse von nichtrandomisierten Verfahren. Der direkte Weg zur Berechnung eines (nichtrandomisierten) Minimax-Verfahrens macht eine Schar von Maximierungen und eine anschließende Minimierung erforderlich; zuerst ist für jedes $\delta \in \Delta$ das Risikosupremum zu bestimmen, daran anschließend ist das minimale Risikosupremum (und das zugehörige Verfahren δ_*) zu ermitteln [1].

Obwohl der direkte Weg gangbar ist, wird in der Literatur eine andere Vorgehensweise bevorzugt. Diese alternative Vorgehensweise basiert — wie im folgenden erläutert — auf der bereits mehrfach benutzten spieltheoretischen Analogie und besteht im wesentlichen aus der Untersuchung, ob einige statistische Spiele strikt determiniert sind.

Das minimale Risikosupremum (1), das auch als *Minimax-Risiko* bezeichnet wird, ist nach 4.2 der obere Spielwert a^* des Spiels

$$(\Theta, \Delta, r) \tag{2}$$

Geht man im Spiel (2) von Θ zur Menge Φ aller a priori Bewertungen φ über, so erhält man das Spiel

$$(\Phi, \Delta, r)\,. \tag{3}$$

Bei diesem Übergang wird der untere Spielwert i. allg. vergrößert; der obere Spielwert (den man möglichst klein halten möchte), bleibt dabei unverändert.

Der obere Spielwert wird jedoch verkleinert (oder zumindest nicht vergrößert), wenn man von Δ zu einer Δ umfassenden Klasse Δ' randomisierter Verfahren übergeht.

D. h. durch zusätzliche Berücksichtigung von randomisierten Verfahren kann das Minimax-Risiko i. allg. reduziert werden. Im Gegensatz hierzu konnte bei dem in § 7 betrachteten Bayes-Kriterium das Bayes-Risiko durch die Berücksichtigung von randomisierten Verfahren nicht herabgedrückt werden, so daß sich die Betrachtung von randomisierten Bayes-Verfahren erübrigte.

Da der obere Spielwert nicht unter den unteren Spielwert herabgedrückt werden kann, ist eine Reduktion des Minimax-Risikos dann nicht möglich,

[1] Graphische Veranschaulichungen für den Fall, daß Θ zweielementig ist, sind z. B. bei *Chernoff, Moses* [1959, S. 149 ff.] oder *Menges* [1969, S. 216] zu finden.

wenn bereits eines der Spiele (2) oder (3) strikt determiniert ist; es genügt, das Spiel (3) zu betrachten, da dieses das kleinere Indeterminiertheitsintervall besitzt.

Demnach kann die strikte Determiniertheit von (3) als ein Kriterium dafür angesehen werden, ob auf die zusätzliche Berücksichtigung von randomisierten Verfahren verzichtet werden kann [1].

Zur Entscheidung über die strikte Determiniertheit können die in 4.2 aufgeführten Minimax-Theoreme benutzt werden. Da wir nicht nur an der strikten Determiniertheit interessiert sind, sondern auch an der Ermittlung eines Minimax-Verfahrens, ist ein weiterer, in 4.2 noch nicht erwähnter Satz, von Bedeutung. Bezeichnen wir der einfacheren Formulierung wegen ein (randomisiertes oder nichtrandomisiertes) Verfahren δ_* als *Egalisator* (equalizer rule), wenn seine Risikofunktion $r(\vartheta, \delta_*)$ auf Θ konstant ist, so gilt:

Satz: *Ist im Spiel (Φ, Δ, r) das Verfahren δ_* sowohl ein Egalisator als auch ein Bayes-Verfahren, so ist (Φ, Δ, r) strikt determiniert, und δ_* ist ein Minimax-Verfahren.*

Der Beweis dieses Satzes ergibt sich sehr einfach aus folgender Ungleichungskette, bei der φ_* die zum Egalisator δ_* gehörende a priori Bewertung bedeutet:

$$\inf_{\delta \in \Delta} \sup_{\varphi \in \Phi} r(\varphi, \delta) \leqq$$

$$\leqq \sup_{\varphi \in \Phi} r(\varphi, \delta_*) = \text{, nach Definition eines Infimums}$$

$$= r(\varphi_*, \delta_*) = \quad \text{, da } \delta_* \text{ ein Egalisator ist}$$

$$= \inf_{\delta \in \Delta} r(\varphi_*, \delta) \leqq \text{, da } \delta_* \text{ ein Bayes-Verfahren bez. } \varphi_* \text{ ist}$$

$$\leqq \sup_{\varphi \in \Phi} \inf_{\delta \in \Delta} r(\varphi, \delta)\text{, nach Definition eines Supremums}$$

Durch diese Ungleichungskette wird das Minimax-Risiko, d. h. der obere Spielwert a^*, durch den unteren Spielwert a_* nach oben abgeschätzt. Wegen der Gültigkeit der Ungleichung $a_* \leqq a^*$ müssen alle Ungleichheitszeichen der Kette Gleichheitszeichen sein. Infolgedessen ist das Spiel (Φ, Δ, r) strikt

---

[1] Es sei erwähnt, daß für ein indeterminiertes Spiel (3) möglicherweise für jedes $\Delta' \supset \Delta$ das resultierende Spiel

$$(\Phi, \Delta', r)$$

dasselbe Indeterminiertheitsintervall wie (3) besitzt, so daß in diesem Fall die Indeterminiertheit von (3) kein Indiz für den Nutzen von randomisierten Verfahren darstellt.

determiniert, δ_* ist ein Minimax-Verfahren, und φ_* ist eine Minimax-Strategie des Spielers 1.

Ist ein statistisches Spiel strikt determiniert, so bezeichnet man jede Minimax-Strategie φ_* des Spielers „Umwelt" als eine *ungünstigste a priori Bewertung* oder als eine *ungünstigste Verteilung* (least favorable distribution). Die Bezeichnung erklärt sich daraus, daß φ_* das maximale Bayes-Risiko liefert, und somit der Einsatz von φ_* durch den Spieler „Umwelt" für den Spieler „Statistiker" den ungünstigsten Fall darstellt. Sobald Θ bzw. Φ besser als Δ zu übersehen ist, kann möglicherweise eine ungünstigste Verteilung φ_* erraten werden; die Berechnung eines Minimax-Verfahrens δ_* geschieht dann am zweckmäßigsten mittels der im Anschluß von 4.2, Satz 1 erläuterten Vorgehensweise.

8.2 Minimax-Regret-Kriterium

Wie bei allen anderen Kriterien sind auch für das Minimax-Kriterium leicht Situationen zu konstruieren, bei denen die Anwendung des Minimax-Kriteriums zu unbefriedigenden Resultaten führt.

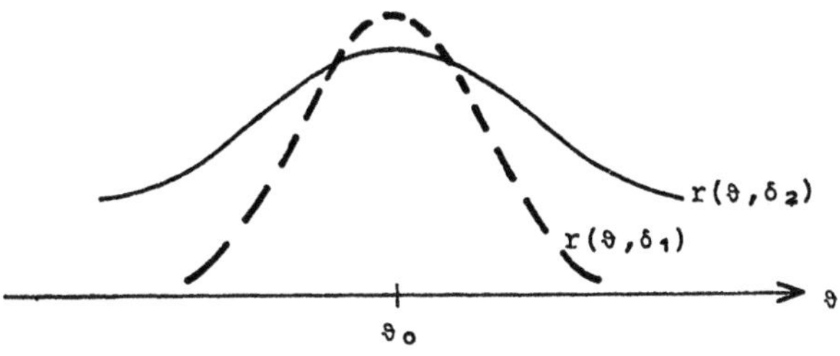

Fig. 17

Bei der in Fig. 17 dargestellten Situation nehmen die Risikofunktionen aller Verfahren $\delta \in \Delta = \{\delta_1, \delta_2\}$ ihr Maximum an der Stelle ϑ_0 an. Legt man das Minimax-Kriterium zugrunde, so stützt sich die Beurteilung der verschiedenen Verfahren ausschließlich auf das (für alle δ) unvermeidbar hohe Risiko $r(\vartheta_0, \delta)$; δ_2 ist ein Minimax-Verfahren in Δ und dem Verfahren δ_1 vorzuziehen. Diese Rangfolge mag unbefriedigend erscheinen, denn δ_2 besitzt zwar das kleinere Risikosupremum, führt jedoch außerhalb eines kleinen Bereichs um ϑ_0 zu wesentlich größeren Risikowerten als δ_1. Deshalb bietet sich folgende Modifikation des Minimax-Kriteriums an [*Savage*, 1951]:

a) Man bildet für jedes $\vartheta \in \Theta$ das *unvermeidbare Risiko* (Bayes-Risiko bez. ϑ):

$$\inf_{\delta \in \Delta} r(\vartheta, \delta)$$

In unserem Beispiel führt dies zu Fig. 18:

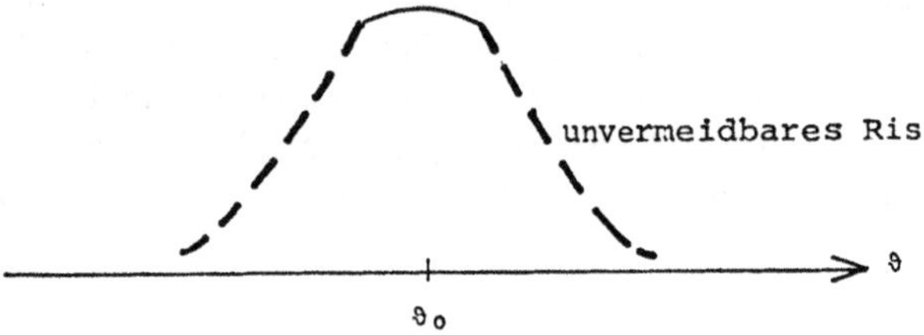

Fig. 18

b) Man bildet durch Subtraktion des unvermeidbaren Risikos von der Risikofunktion für jedes $\vartheta \in \Theta$ und jedes $\delta \in \Delta$ das *vermeidbare Risiko*

$$\bar{r}(\vartheta, \delta) = r(\vartheta, \delta) - \inf_{\delta \in \Delta} r(\vartheta, \delta)$$

In unserem Beispiel führt dies zu Fig. 19:

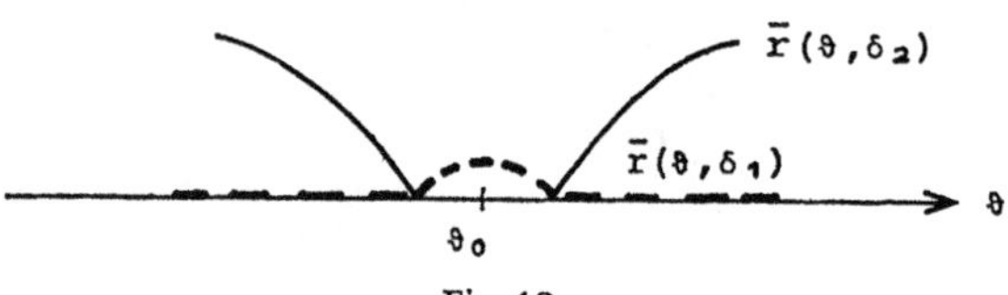

Fig. 19

c) Man wendet auf das vermeidbare Risiko $\bar{r}$ das Minimax-Kriterium an. In unserem Beispiel führt die Beurteilung anhand des Supremums von $\bar{r}$ zur Bevorzugung von δ_1 gegenüber δ_2.

Das so erhaltene Kriterium wird als *Minimax-Regret-Kriterium* bezeichnet. Die Bezeichnung „Regret" rührt von der Interpretation des vermeidbaren Risikos $\bar{r}$ als Enttäuschung (regret) her: $\bar{r}(\vartheta, \delta)$ verschwindet, wenn δ das bez. ϑ optimale Verfahren (Bayes-Verfahren bez. ϑ) darstellt; andernfalls ist $\bar{r}(\vartheta, \delta)$ positiv und nimmt um so größere Werte an, je schlechter das benutzte Verfahren im Vergleich mit dem jeweiligen optimalen Verfahren ist. Demnach läßt sich $\bar{r}(\vartheta, \delta)$ als ein Maß für die Enttäuschung auffassen, die von der Diskrepanz zwischen dem eingesetzten und dem optimalen Verfahren resultiert.

Das Minimax-Regret-Kriterium stimmt mit dem Minimax-Kriterium überein, wenn das unvermeidbare Risiko verschwindet[1].

8.3 Schätzprobleme

Den in diesem Abschnitt zusammengestellten Ergebnissen liegt durchwegs die quadratische Schadensfunktion zugrunde. Da die quadratische Schadensfunktion konvex ist, erübrigt sich die Berücksichtigung von randomisierten Verfahren, denn nach Satz 5 von 9.2 bildet die Gesamtheit aller nichtrandomisierten Verfahren eine vollständige Klasse.

Da sich das Minimax-Kriterium am Risikosupremum

$$\sup_{\vartheta \in \Theta} r(\vartheta, \delta)$$

orientiert, ist eine sinnvolle Anwendung des Minimax-Kriteriums dann unmöglich, wenn jedes Verfahren $\delta \in \Delta$ eine unbeschränkte Risikofunktion besitzt. Daß dies der Fall sein kann, zeigt die Klasse Δ der erwartungstreuen Schätzfunktionen für den Erwartungswert einer Normalverteilung (bei unbekannter Varianz σ^2): Das Stichprobenmittel $\delta_*(x) = \bar{x}$ besitzt unter Zugrundelegung der quadratischen Schadensfunktion nach 3.5, Aufgabe 3, die Risikofunktion

$$r(\vartheta, \delta_*) = \frac{\sigma^2}{n}, \quad \text{wobei } \vartheta = (\mu, \sigma^2).$$

Da δ_* nach 6.3, Satz 5 die gleichmäßig beste erwartungstreue Schätzfunktion ist, sind die Risikofunktionen aller $\delta \in \Delta$ gleichmäßig größer als $\frac{\sigma^2}{n}$. Sobald man der Varianz σ^2 keine Beschränkung auferlegt, sind die Risikofunktionen aller Verfahren $\delta \in \Delta$ unbeschränkt.

Bei den in der Praxis auftretenden Problemen kann in der Regel angenommen werden, daß die Varianz oder andere für die Risikofunktion relevante Parameter beschränkt sind. Der exakte Wert der Schranke dürfte zwar nur selten bekannt sein; jedoch braucht diese Unkenntnis deshalb nicht besonders gravierend zu sein, weil in zahlreichen Situationen (vgl. z. B.

---

[1] Enthält Δ alle „Rateverfahren" $\delta(x) \equiv \mathrm{d}$, so gilt $0 \leq \inf_{\delta \in \Delta} r(\vartheta, \delta) \leq \inf_{\mathrm{d} \in D} r(\vartheta, \mathrm{d}) = \inf_{\mathrm{d} \in D} s(\vartheta, \mathrm{d})$ für alle $\vartheta \in \Theta$. In diesem Fall verschwindet deshalb das unvermeidbare Risiko, sobald der *unvermeidbare Schaden*

$$\inf_{\mathrm{d} \in D} s(\vartheta, \mathrm{d})$$

für jedes ϑ verschwindet. Bei den bisher bevorzugt betrachteten Schadensfunktionen (quadratische Schadensfunktion bei Schätzproblemen, stückweise konstante Schadensfunktion bei Testproblemen) verschwindet der unvermeidbare Schaden, da die bez. ϑ optimale Entscheidung d zu dem Schaden Null führt.

Satz 6) das Minimax-Verfahren vom speziellen Wert der Schranke unabhängig ist.

Bei den folgenden Sätzen, die auf *Hodges* und *Lehmann* [1950] zurückgehen, wird die Endlichkeit des Risikosupremums teils durch die Beschränktheit der Stichprobenvariablen, teils durch die Beschränktheit der Varianz erreicht.

Es sei ϑ die zu schätzende Wahrscheinlichkeit eines Ereignisses, es seien $X_1, X_2, \ldots, X_n$ zugehörige Indikatorvariablen, und es sei in der Gesamtheit Δ aller Schätzfunktionen eine Minimax-Schätzfunktion zu ermitteln. Da Δ eine schwer zu überschauende Menge ist, erscheint der direkte Weg kaum gangbar zu sein. Deshalb verwenden wir den Satz von 8.1 und suchen einen Egalisator δ.

Setzt man den Egalisator als lineare Funktion

$$\delta(x) = a \sum_{i=1}^{n} x_i + b$$

von $\sum_i x_i$ an, so ist die Risikofunktion

$$r(\vartheta, \delta) = E_\vartheta \left(a \sum_{i=1}^{n} X_i + b - \vartheta \right)^2$$

eine quadratische Funktion von a und b. Eine Nebenrechnung ergibt, daß die Risikofunktion für

$$a = \frac{1}{n + \sqrt{n}} \quad \text{und} \quad b = \frac{\sqrt{n}}{2(n + \sqrt{n})}$$

konstant wird, und mithin

$$\delta_*(x) = \frac{1}{n + \sqrt{n}} \left(\sum_{i=1}^{n} x_i + \frac{\sqrt{n}}{2} \right) \tag{1}$$

einen Egalisator darstellt.

Da δ_* weiterhin ein Bayes-Verfahren ist (vgl. Aufgabe 3), kann nach dem Satz von 8.1 gefolgert werden, daß δ_* die gesuchte Minimax-Schätzfunktion ist.

Satz 1: *Sind $X_1, X_2, \ldots, X_n$ unabhängige Wiederholungen einer $\mathfrak{B}(1, \vartheta)$ verteilten Zufallsvariablen und ist die Schadensfunktion quadratisch, so ist die Schätzfunktion (1) eine Minimax-Schätzfunktion in der Klasse Δ aller Schätzfunktionen für ϑ.*

Die Schätzfunktion (1) ist zwar nicht erwartungstreu, jedoch asymptotisch erwartungstreu für ϑ. Vergleicht man sie mit der gleichmäßig besten erwartungstreuen Schätzfunktion

$$\delta_0(x) = \frac{1}{n} \sum_{i=1}^{n} x_i,$$

so stellt man fest, daß die Risikofunktion von δ_* innerhalb eines gewissen Intervalles um $\vartheta = \frac{1}{2}$ kleiner als die Risikofunktion von δ_0 ist. Dieses Intervall schrumpft für wachsenden Stichprobenumfang n auf den Punkt $\vartheta = \frac{1}{2}$ zusammen, so daß bei großem n (Gesetz der großen Zahlen) δ_0 praktisch überall besser als δ_* ist. Bei kleinem n erstreckt sich das Intervall fast über ganz $\Theta = [0, 1]$, so daß hierfür δ_* praktisch überall besser als δ_0 ist.

Analog zu Satz 1 lassen sich für den Vergleich zweier Binomialverteilungen und für die hypergeometrische Verteilung Minimax-Schätzfunktionen herleiten.

Satz 2: *Sind $X_1, X_2, \ldots, X_n$ bzw. $Y_1, Y_2, \ldots, Y_n$ unabhängige Wiederholungen einer $\mathfrak{B}(1, \vartheta_1)$ bzw. $\mathfrak{B}(1, \vartheta_2)$ verteilten Zufallsvariablen und ist die Schadensfunktion quadratisch, so ist*

$$\delta_*(x, y) = \frac{\sqrt{2n}}{n(1+\sqrt{2n})}\left(\sum_{i=1}^{n} x_i - \sum_{i=1}^{n} y_i\right) \tag{2}$$

eine Minimax-Schätzfunktion in der Klasse Δ aller Schätzfunktionen für $\vartheta_1 - \vartheta_2$.

Satz 3: *Ist X eine hypergeometrisch verteilte Zufallsvariable und ist die Schadensfunktion quadratisch, so ist die Schätzfunktion*

$$\delta_*(x) = \frac{N}{n + \sqrt{\frac{n(N-n)}{N-1}}}\left(x + \frac{1}{2}\sqrt{\frac{n(N-n)}{N-1}}\right)$$

eine Minimax-Schätzfunktion in der Klasse Δ aller Schätzfunktionen für die Anzahl ϑ der defekten Elemente.

Die nächsten drei Sätze behandeln nichtparametrische Verteilungsklassen. Bei den Sätzen 4 und 5 wird jeweils vorausgesetzt, daß wie in Satz 1 die Wahrscheinlichkeitsverteilung der n mal beobachteten Zufallsvariablen auf das Intervall $[0, 1]$ konzentriert ist [1].

Satz 4: *Sind $X_1, X_2, \ldots, X_n$ unabhängige Wiederholungen einer Zufallsvariablen, deren (unbekannte) Wahrscheinlichkeitsverteilung kontinuierlich*

---

[1] Jede Zufallsvariable, die auf ein endliches Intervall $[a, b]$ konzentriert ist, kann durch geeignete Wahl des Nullpunktes und der Maßeinheit in eine auf $[0, 1]$ konzentrierte Zufallsvariable transformiert werden. Hierbei tritt die Frage auf, die wir hier nicht weiter erörtern können, ob das Entscheidungsproblem in dem Sinne invariant ist, daß durch diese Transformation ein Minimax-Verfahren wieder in ein Minimax-Verfahren übergeht.

und auf das Intervall [0, 1] konzentriert ist, und wird die Schadensfunktion als quadratisch angenommen, so ist die Schätzfunktion (1) eine Minimax-Schätzfunktion für den Erwartungswert EX_i.

Auch bei dem folgenden Satz ergibt sich wieder (1) als Minimax-Schätzfunktion. Allerdings wird die Klasse der zugelassenen Wahrscheinlichkeitsverteilungen gegenüber Satz 4 erweitert.

Satz 5: *Sind $X_1, X_2, \ldots, X_n$ unabhängige Wiederholungen einer Zufallsvariablen, deren (unbekannte) Wahrscheinlichkeitsverteilung auf das Intervall [0, 1] konzentriert ist, und wird die Schadensfunktion als quadratisch angenommen, so ist die Schätzfunktion (1) eine Minimax-Schätzfunktion für den Erwartungswert EX_i.*

Vergleicht man die Sätze 1, 4 und 5, so stellt man fest, daß die Schätzfunktion (1) jeweils eine Minimax-Schätzfunktion für den Erwartungswert ist, obwohl verschiedene Klassen Θ von Wahrscheinlichkeitsverteilungen zugelassen werden. Bei den Sätzen 1 bzw. 4 ist jeweils nur eine Teilklasse der in Satz 5 zugrundegelegten Klasse zugelassen. Dennoch ist keiner der Sätze ein Spezialfall eines anderen; denn wie Fig. 20 verdeutlicht, kann ein Verfahren δ die Minimax-Eigenschaft sowohl beim Übergang von Θ zu einer kleineren als auch beim Übergang zu einer größeren Klasse verlieren.

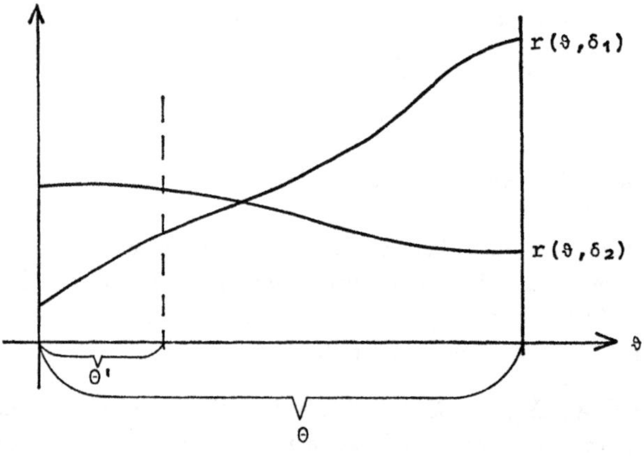

Fig. 20

δ_1 ist bez. Θ' in $\Delta = \{\delta_1, \delta_2\}$ ein Minimax-Verfahren (sogar ein gleichmäßig bestes Verfahren), bez. der größeren Klasse Θ ist δ_1 kein Minimax-Verfahren mehr. Umgekehrt ist δ_2 bez. Θ, jedoch nicht mehr bez. der kleineren Klasse Θ' ein Minimax-Verfahren.

In Satz 6 werden statt der Stichprobenvariablen die Varianzen als beschränkt angenommen.

Satz 6: *Sind bei einem linearen Regressionsproblem (vgl. 2.2, Beispiel) die Schadensfunktion quadratisch, die Werte z_i nicht alle gleich, die Störvariablen U_i unabhängig, gilt var $U_i \leqq B$ $(i=1, \ldots, n)$ und ist zugelassen, daß die Störvariablen normalverteilt mit der Varianz B sein können, so sind die Kleinst-Quadrat-Schätzfunktionen $\delta_1(x)=\hat{\alpha}$ und $\delta_2(x)=\hat{\beta}$ Minimax-Schätzfunktionen für die Regressionskoeffizienten α und β.*

Während die Sätze 6 und 8 von 6.4 angeben, daß die Kleinst-Quadrat-Schätzfunktionen gleichmäßig beste Schätzfunktionen in der Klasse Δ'' der linearen erwartungstreuen bzw. in der Klasse Δ' der erwartungstreuen Schätzfunktionen darstellen, gibt obiger Satz 6 an, daß die Kleinst-Quadrat-Schätzfunktionen bez. einer sehr allgemeinen Klasse Θ Minimax-Schätzfunktionen in der Klasse Δ aller Schätzfunktionen darstellen.

Die in Satz 6 benutzte Klasse Θ ist deshalb so allgemein, weil die Verteilung der Störvariablen völlig unspezifiziert bleibt, so daß insbesondere die verschiedenen Störvariablen verschiedene Varianzen [1] besitzen können. Die Bedingung, daß die Störvariablen $\mathfrak{N}(0, B)$ verteilt sein können, stellt für die Praxis keine einschneidende Forderung dar, denn eine Normalverteilungsannahme kann a priori wohl kaum ausgeschlossen werden. Es zeigt sich weiterhin, daß zwar die Existenz der Minimax-Schätzfunktionen von der Varianzschranke abhängt (ohne festes B wären alle Risikofunktionen unbeschränkt), daß die Minimax-Schätzfunktionen jedoch nicht vom speziellen Wert B dieser Schranke abhängen.

Zum Abschluß wenden wir uns nun einem für die amtliche Statistik wichtigen Problem zu, nämlich der Schätzung des arithmetischen Mittels eines quantitativen Merkmals in einer endlichen geschichteten Grundgesamtheit. Ist eine Schichtung (z. B. die Schichtung der Gesamtbevölkerung nach verschiedenen sozialen Gesichtspunkten, nach Geschlecht, nach Konfession usw.) für das untersuchte Merkmal relevant, so sollte sie wegen des „Schichtungseffektes" bei der Stichprobenziehung berücksichtigt werden; man vergleiche hierzu etwa *Cochran* [1963], *Stenger* [1971].

Wir wollen bei diesem Problem Kostenüberlegungen explizit in die Auswahl des statistischen Verfahrens eingehen lassen und — im Gegensatz zu den bisherigen Problemen — den Stichprobenumfang, sowie die Aufteilung auf die Schichten, vom Verfahren abhängig machen.

Die Grundgesamtheit zerfalle in q Schichten.

---

[1] Die allerdings kleiner oder gleich B sein müssen.

Es bezeichne

$\vartheta = (\vartheta_1, \ldots, \vartheta_N)$,

N	die Anzahl der Elemente der Grundgesamtheit,
ϑ_j	die Ausprägung des zu untersuchenden Merkmals bei dem j-ten Element der Grundgesamtheit,
$\bar{\vartheta} = \frac{1}{N} \sum_1^N \vartheta_j$	das zu schätzende arithmetische Mittel der Grundgesamtheit,
N_i	die Anzahl der Elemente der i-ten Schicht,
σ_i^2	die Varianz der i-ten Schicht (durch $N_i - 1$ dividierte Summe der Abweichungsquadrate),
c_i	die Kosten für eine Stichprobe vom Umfang 1 aus der i-ten Schicht,
n_i	den auf die i-te Schicht entfallenden Stichprobenumfang,
$\bar{x}_i$	das Stichprobenmittel in der i-ten Schicht.

Die Größen N, N_i, c_i (und teilweise auch σ_i^2) werden im folgenden als bekannt unterstellt. Da wir die quadratische Schadensfunktion zugrundelegen, ist ein Schätzverfahren δ gesucht, das die Risikofunktion

$$r(\vartheta, \delta) = E_\vartheta (\bar{\vartheta} - \delta(X))^2 \tag{3}$$

minimiert. In der Regel wird $\bar{\vartheta}$ aus den Stichprobenmitteln $\bar{x}_i$ der einzelnen Schichten durch

$$\frac{1}{N} \sum_{i=1}^{q} N_i \bar{x}_i \tag{4}$$

geschätzt. Diese Schätzfunktion ist (sowohl bei Ziehung mit Zurücklegen als auch bei Ziehung ohne Zurücklegen) erwartungstreu, so daß (3) mit der Varianz der Schätzfunktion übereinstimmt; in diesem Fall hängt (3) nur von $\sigma_1^2, \ldots, \sigma_q^2$ (und nicht von allen Werten ϑ_j der Grundgesamtheit) ab.

Zur Einbeziehung von Kostengesichtspunkten bieten sich drei Möglichkeiten an:

a) Man versucht zu vorgegebenen Kosten C dasjenige Schätzverfahren zu ermitteln, das die Risikofunktion (3) minimiert.

b) Man versucht zu vorgegebener Risikofunktion oder zu vorgegebener oberer Risikoschranke dasjenige Schätzverfahren zu ermitteln, das die Kosten minimiert.

c) Man berücksichtigt die Kosten und den Schadenserwartungswert simultan und versucht ein bez. beider Gesichtspunkte günstiges Schätzverfahren zu ermitteln.

Die Durchführung von a) und b) stößt auf Schwierigkeiten, da (3) für festes δ eine Funktion von $\sigma_1^2, \ldots, \sigma_q^2$ (oder eventuell aller Werte der Grundgesamtheit) ist. Folgende Teillösung ist jedoch bekannt [z. B. *Cochran*, 1963]:

Wird die Klasse derjenigen Schätzverfahren mit Δ bezeichnet, die aus der i-ten Schicht eine Stichprobe ohne Zurücklegen vom Umfang n_i ziehen (wobei n_i eine beliebige ganze Zahl zwischen 0 und N_i sein kann), und die $\overline{\vartheta}$ gemäß (4) schätzen, und sind ferner die Schichtvarianzen $\sigma_1{}^2, \sigma_2{}^2, \ldots, \sigma_q{}^2$ fest vorgegeben, so ist bei a) und b) jeweils dasjenige Schätzverfahren δ_* optimal bezüglich Δ, das für $i=1, \ldots, q$ einen Stichprobenumfang n_i vorschreibt, der proportional zu

$$\frac{N_i \sigma_i}{\sqrt{c_i}} \tag{5}$$

ist[1]).

Da die Schichtvarianzen σ_i^2 im allgemeinen ebenso unbekannt sind wie das zu schätzende Gesamtmittel $\overline{\vartheta}$, ist das durch (4) und (5) definierte Schätzverfahren nicht direkt verwendbar. In der Praxis hilft man sich dadurch, daß man in (5) für die unbekannten σ_i entweder aus früheren Erhebungen bekannte Näherungswerte oder aus einer Vorstichprobe gewonnene Schätzwerte einsetzt.

Vom Standpunkt der statistischen Entscheidungstheorie erscheint die Möglichkeit c) am natürlichsten. Addieren wir wie in 5.1 zur Risikofunktion (3) die Kosten, so erhalten wir:

$$E_\vartheta (\overline{\vartheta} - \delta (X))^2 + \sum_{i=1}^{q} c_i n_i \tag{6}$$

Führen wir in (6) noch einen Gewichtungsfaktor a ein, der die relative Wertschätzung der Genauigkeit gegenüber den Kosten angibt, so erhalten wir schließlich für ein Schätzverfahren δ, das die Stichprobenumfänge $n_1, \ldots, n_q$ benötigt, die Risikofunktion

$$r(\vartheta, \delta) = a \cdot E_\vartheta (\overline{\vartheta} - \delta (X))^2 + \sum_{i=1}^{q} n_i c_i \tag{7}$$

---

1) Die Aufteilung der Gesamtstichprobe gemäß (5)wird als „optimale Aufteilung" bezeichnet. Die absoluten Werte von n_i bestimmen sich bei a) aus den vorgegebenen Kosten C und

$$C = \sum_{1}^{q} n_i c_i$$

bei b) aus dem vorgegebenen (konstanten) Wert R für das Risiko und

$$R = \sum_{i=1}^{q} \left(\frac{N_i}{N}\right)^2 \frac{\sigma_i^2}{n_i} \left(1 - \frac{n_i}{N_i}\right);$$

sind die so bestimmten Werte nicht ganzzahlig, so wählt man die nächstliegenden ganzen Zahlen. Hierbei müssen C bzw. R allerdings so klein bzw. groß vorgegeben werden, daß n_i nicht N_i übersteigt. Andernfalls werden die Nebenbedingungen $n_i \leq N_i$ relevant; das in Δ optimale Verfahren besitzt dann Stichprobenumfänge n_i, die von denjenigen der „optimalen Aufteilung" differieren.

Der folgende Satz [*Aggarwal*, 1959] erfordert statt der exakten Werte σ_i^2 der Schichtvarianzen lediglich die Kenntnis oberer Schranken S_i für diese Schichtvarianzen. Das resultierende Minimax-Schätzverfahren schätzt $\overline{\vartheta}$ ebenfalls wieder nach (4), benutzt jedoch eine von (5) abweichende Aufteilung der Gesamtstichprobe.

Satz 7: *Ist das arithmetische Mittel $\overline{\vartheta}$ einer endlichen geschichteten Grundgesamtheit zu schätzen, und ist (mit den obigen Bezeichnungen) S_i eine obere Schranke der Schichtvarianz σ_i^2 $(i=1,\ldots,q)$, so ist bez. der Risikofunktion (7) dasjenige Verfahren δ_* ein Minimax-Schätzverfahren im Bereich Δ aller Schätzverfahren für $\overline{\vartheta}$, das $\overline{\vartheta}$ gemäß (4) schätzt:*

$$\delta_*(x) = \frac{1}{N} \sum_{i=1}^{q} N_i \bar{x}_i,$$

und das in jeder Schicht eine Stichprobe ohne Zurücklegen sowie den Stichprobenumfang

$$n_i = \begin{cases} \text{nächstliegende ganze Zahl bei } Z_i, & \text{falls } Z_i \leq N_i \\ N_i & \text{, falls } Z_i > N_i \end{cases}$$

vorschreibt; dabei ist

$$Z_i = \sqrt{\frac{a\, N_i^2\, S_i}{N^2\, c_i} + \frac{1}{4}} \qquad (i=1,\ldots,q)$$

8.4 Testprobleme

Bereits am Ende von Abschnitt 6.4 wurde auf ein Testproblem das Minimax-Kriterium angewandt und mit seiner Hilfe das geeignete Testniveau festgelegt. Bezeichnen wir bei einem gegebenem Testproblem den (oder einen) gleichmäßig besten Test zum Niveau α mit δ_α, so ist eine derartige Festlegung des Testniveaus mittels des Minimax-Kriteriums nichts anderes als die Bestimmung eines Minimax-Tests in der Klasse

$$\Delta = \{\delta_\alpha : 0 \leqq \alpha \leqq 1\}$$

der gleichmäßig besten Tests zu einem beliebigen Niveau.

Eine andere Verknüpfung des Minimax-Kriteriums mit dem Prinzip, ein gleichmäßig bestes Verfahren zu ermitteln, besteht darin, zu einer gegebenen Klasse Δ die i. allg. recht umfangreiche Teilklasse Δ_* aller Minimax-Verfahren zu bestimmen und in Δ_* anschließend ein gleichmäßig bestes Verfahren zu suchen [1]).

---

[1]) Zur Konstruktion gleichmäßig bester Minimax-Verfahren vergleiche man etwa *Schmitz* [1967]; dort wird gezeigt, daß für Mehrentscheidungsprobleme (sobald Θ eine einparametrige Exponentialfamilie ist) gleichmäßig beste Minimax-Verfahren existieren.

Wir wollen hierauf nicht weiter eingehen, sondern uns einem speziellen Testproblem, nämlich dem Problem der statistischen Qualitätskontrolle zuwenden. Testverfahren, die sowohl die Stichprobenkosten als auch die durch Fehlentscheidungen entstehenden Schäden berücksichtigen, wurden u. a. von *Basler* [1967], *Moriguti* [1955], *Pfanzagl* [1963], *Stange* [1964], *Uhlmann* [1969], *Ura* [1955] und *van der Waerden* [1960] untersucht. Einige dieser Testverfahren basieren auf einer a priori Verteilung und werden mittels des Bayes-Kriteriums bestimmt; andere werden — was uns hier in erster Linie interessiert — mittels des Minimax-Kriteriums oder des Minimax-Regret-Kriteriums bestimmt. Exemplarisch für die letztgenannten Testverfahren wollen wir im folgenden das von *Uhlmann* [1969] angegebene Verfahren etwas ausführlicher besprechen.

Es werde (wie in 1.2, Beispiel 1) vorausgesetzt, daß eine Partie von N Stücken (einer beliebigen Ware) mit einer unbekannten Ausschußquote ϑ behaftet sei, und daß bei jedem Stück lediglich festgestellt werden kann, ob es den gestellten Anforderungen genügt oder nicht; d. h. wir wollen eine sog. „Gut-Schlecht-Prüfung" anstatt einer „messenden Prüfung" zugrundelegen. Die Anzahl der fehlerhaften Stücke in der Stichprobe (ohne Zurücklegen) werde mit X bzw. x bezeichnet [1]).

Die betrachteten Testverfahren $\delta_{n,\varkappa}$ sind durch den Stichprobenumfang n und die kritische Zahl (oder Annahmezahl) $\varkappa$ eindeutig festgelegt:

$$\delta_{n,\varkappa}(x) = \begin{cases} \mathrm{d}_0 = \text{Annahme der Partie, falls } x \leqq \varkappa \\ \mathrm{d}_1 = \text{Ablehnung der Partie, falls } x > \varkappa \end{cases}$$

Wir wollen in der Klasse

$$\Delta = \{\delta_{n,\varkappa} : \varkappa = 0, 1, \ldots, n;\ n = 0, 1 \ldots, N\}$$

dieser Testverfahren ein Minimax-Regret-Verfahren $\delta_{n^*,\varkappa^*}$ bestimmen. Zu diesem Zweck müssen wir die Risikofunktion berechnen. Die Berechnung der Risikofunktion erfordert die Kenntnis der Schadensfunktion s und der Stichprobenkosten c; diese Funktionen werden als linear vorausgesetzt:

$$\begin{aligned} s(\vartheta, \mathrm{d}_0) &= a_0 + a_1 \vartheta \\ s(\vartheta, \mathrm{d}_1) &= b_0 + b_1 \vartheta \\ c(n) &= c_0 + c_1 n \end{aligned}$$

$s(\vartheta, \mathrm{d}_0)$ kann als wachsende und $s(\vartheta, \mathrm{d}_1)$ als fallende Funktion von ϑ angenommen werden; wegen der weiteren Interpretation der Konstanten a_0, b_0, c_0, a_1, b_1, c_1 sei auf *Uhlmann* [1969] verwiesen.

---

[1]) Es sei erwähnt, daß man in der Praxis zwar stets eine Stichprobe ohne Zurücklegen wählen wird, daß *Uhlmann* der Berechnung der Risikofunktion jedoch eine Stichprobe mit Zurücklegen zugrundelegt; diese Approximation ist nach einer viel benutzten Faustregel dann hinreichend gut, wenn $N \geqq 10 \cdot n$ ist.

Der unvermeidbare Schaden

$$\min \{s(\vartheta, d_0),\; s(\vartheta, d_1)\}$$

ist in Fig. 21 stark eingezeichnet.

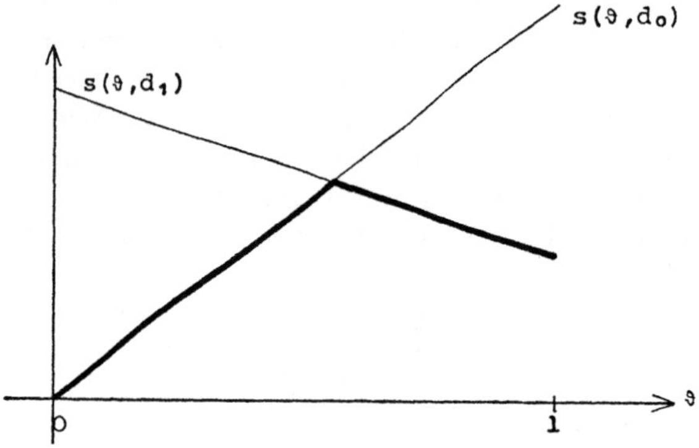

Fig. 21

Durch Subtraktion des unvermeidbaren Schadens erhalten wir aus $s(\vartheta, d)$ den vermeidbaren Schaden $\bar{s}(\vartheta, d)$. Addieren wir schließlich die Stichprobenkosten zum Erwartungswert des vermeidbaren Schadens, so bekommen wir die Risikofunktion von $\delta_{n,\varkappa}$:

$$r(\vartheta, \delta_{n,\varkappa}) = E_\vartheta\, \bar{s}(\vartheta, \delta(X)) + c_0 + c_1 n$$

Es läßt sich zeigen, daß die Risikofunktion für jedes $\delta_{n,\varkappa}$ zwei Maxima besitzt; der typische Verlauf ist in Fig. 22 skizziert.

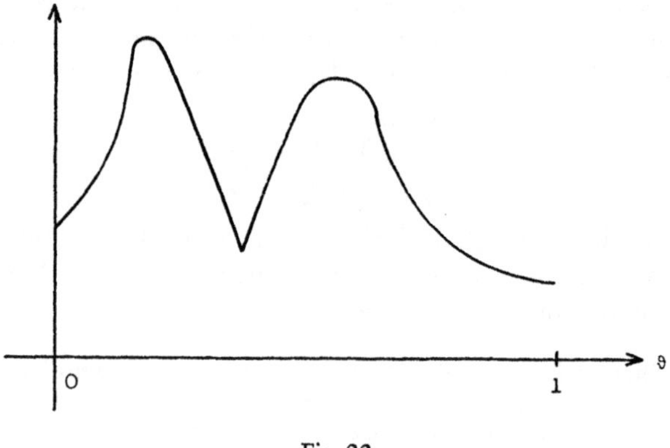

Fig. 22

Das Minimax-(Regret)-Risiko ist das größere der beiden Maxima. Dasjenige Verfahren $\delta_{n*,\varkappa*}$, das zu dem kleinsten Minimax-(Regret)-Risiko führt, wird bei *Uhlmann* als kostenoptimal bezeichnet und kann aus seinen angegebenen Tabellen abgelesen werden.

8.5 Aufgaben

Aufgabe 1:

Bei einer sozialmedizinischen Untersuchung werde die Erkrankungswahrscheinlichkeit ϑ an einer bestimmten Krankheit in Abhängigkeit von der Lage des Wohnsitzes untersucht. Von 100 aus einem Innenstadtgebiet ausgewählten Personen hatten 40, bei 100 aus einem ländlichen Gebiet ausgewählten Personen hatten 29 diese Krankheit. Man gebe bei Zugrundelegung der quadratischen Schadensfunktion und des Minimax-Kriteriums einen Schätzwert für die Differenz $\vartheta_1 - \vartheta_2$ der Erkrankungswahrscheinlichkeiten an (ϑ_1 entspreche der Innenstadt).

Lösung:

Die Voraussetzungen von 8.3, Satz 2 können als erfüllt gelten. Durch Einsetzen in die dort angegebene Minimax-Schätzfunktion ergibt sich der Schätzwert:

$$\frac{\sqrt{200}}{100\,(1+\sqrt{200})}\,(40-29) \approx 0{,}103$$

Aufgabe 2:

Eine Unternehmung hatte probeweise 9 Maschinen, deren Lebensdauer höchstens ein Jahr beträgt, installiert; dabei wurden die Lebensdauern 0,6; 0,72; 0,79; 0,65; 0,63; 0,68; 0,7; 0,71; 0,8 [in Jahren] registriert. Zur Entscheidung über die Bestellung weiterer 250 Maschinen wird ein Schätzwert für die zu erwartende Lebensdauer benötigt. Man gebe bei Zugrundelegung der quadratischen Schadensfunktion und des Minimax-Kriteriums einen Schätzwert an.

Lösung:

Die Voraussetzungen von 8.3, Satz 5 sind erfüllt. Durch Einsetzen erhält man den Schätzwert:

$$\frac{1}{9+\sqrt{9}}\left(6{,}28+\frac{\sqrt{9}}{2}\right) \approx 0{,}63$$

Aufgabe 3:

In 8.3 wurde behauptet, daß die Minimax-Schätzfunktion δ_* von Satz 1 ein Bayes-Verfahren ist. Man versuche dies zu verifizieren.

Lösung:

Kürzen wir $\sum_1^n x_i$ mit k ab, so ist nach 7.3 zu zeigen, daß es eine a priori Bewertung $\varphi(\vartheta)$ gibt, so daß:

$$\frac{1}{n+\sqrt{n}}\left(k+\frac{\sqrt{n}}{2}\right)=\frac{\int_0^1 \vartheta\cdot\vartheta^k(1-\vartheta)^{n-k}\varphi(\vartheta)\,d\vartheta}{\int_0^1 \vartheta^k(1-\vartheta)^{n-k}\varphi(\vartheta)\,d\vartheta} \tag{1}$$

Setzen wir die Dichte $\varphi(\vartheta)$ mit drei Parametern α, β, γ in der Form

$$\varphi(\vartheta)=\gamma\,\vartheta^\alpha(1-\vartheta)^\beta$$

an, so erhalten wir:

$$\frac{\int_0^1 \vartheta^{\alpha+k+1}(1-\vartheta)^{\beta+n-k}\,d\vartheta}{\int_0^1 \vartheta^{\alpha+k}(1-\vartheta)^{\beta+n-k}\,d\vartheta}=\frac{k}{\alpha+\beta+n+2}+\frac{\alpha+1}{\alpha+\beta+n+2}$$

Hieraus erkennt man, daß sich die Gleichung (1) dann ergibt, wenn

$$\alpha=\beta=\frac{\sqrt{n}}{2}-1$$

gesetzt wird. Damit ist nachgewiesen, daß δ_* ein Bayes-Verfahren ist.

Aufgabe 4:

Ein Großhändler benötige für den Abschluß eines Liefervertrages einen Schätzwert für die mittlere Bestellmenge $\bar{\vartheta}$ seiner Kunden. Die Kundenkartei des Großhändlers enthalte 3000 Kunden. 2000 Kunden wohnen in der Nahzone und bestellen relativ regelmäßig; die Varianz σ_1^2 der von diesen Kunden (pro Kopf) bestellten Menge betrage nach den bisherigen Erfahrungen höchstens 200 [Mengeneinheiten des interessierenden Gutes]. Die restlichen 1000 Kunden bestellen unregelmäßiger; die entsprechende Varianz σ_2^2 kann durch 400 nach oben abgeschätzt werden. Die Kosten (Telefonkosten usw.) der Befragung eines Kunden aus der Nahzone bezüglich seiner beabsichtigten Bestellmenge betrage DM 1,—; die Kosten für die Befragung eines der anderen Kunden betrage DM 5,—. Die Schadensfunktion werde als quadratisch angenommen, die erzielbare Genauigkeit der Schätzung [in Gutseinheiten] werde mit dem gleichen Gewicht berücksichtigt wie die Kosten für die Informationsbeschaffung [in DM]; d. h. bei der Risikofunktion (7) von 8.3 werde der Gewichtungsfaktor $a=1$ gesetzt.

Welches Schätzverfahren schreibt das Minimax-Kriterium vor?

Lösung:

Wir wenden Satz 7 von Abschnitt 8.3 an. Es ist speziell

$$a=1,\ c_1=1,\ N_1=2000,\ S_1=200$$
$$q=2,\ c_2=5,\ N_2=1000,\ S_2=400$$

zu setzen. Damit ergibt sich

$$Z_1=\frac{1}{6}\sqrt{3209}\approx 9{,}4 \quad \text{und} \quad Z_2=\frac{1}{6}\sqrt{329}\approx 3\,.$$

Nach Satz 7 ist $n_1=9$ und $n_2=3$ zu wählen. Das Minimax-Kriterium schreibt demnach den Stichprobenumfang $n=12$ vor, wobei 9 (bzw. 3) Befragungen von zufällig ausgewählten Kunden der ersten (bzw. zweiten) Schicht durchgeführt werden sollen.

9 Vollständige Klassen von Verfahren

Für die konkrete Ermittlung eines optimalen Verfahrens $\delta_* \in \Delta$ ist es vorteilhaft, wenn man weiß, daß δ_* in einer Teilklasse Δ_* von Δ enthalten sein muß. So wurde in 8.3 benutzt, daß man zur Ermittlung einer Minimax-Schätzfunktion nur die Klasse Δ_* der nichtrandomisierten Schätzfunktionen zu betrachten braucht. So fällt auch bei den Ergebnissen von 6.3, 6.4 und 6.5 auf, daß die optimalen Verfahren jeweils nur von einer suffizienten Statistik $T(x)$ abhängen. Dies legt die Vermutung nahe, daß man sich vielfach auf die Teilklasse Δ_* der von einer suffizienten Statistik abhängenden Verfahren beschränken kann; daß diese Vermutung zutrifft, geht aus Satz 6 von 9.2 hervor.

Die folgenden Abschnitte enthalten eine Reihe weiterer Ergebnisse, aus denen hervorgeht, auf welche Teilklassen Δ_* man sich gegebenenfalls beschränken kann.

9.1 Zulässige Verfahren

Ist die Risikofunktion eines Verfahrens δ_1 überall kleiner oder gleich derjenigen des Verfahrens δ_2:

$$r(\vartheta,\delta_1)\leqq r(\vartheta,\delta_2) \quad \text{für alle } \vartheta\in\Theta, \tag{1}$$

so heißt δ_1 *mindestens so gut* wie δ_2.

Gilt (1) und zusätzlich noch für mindestens ein $\vartheta_0\in\Theta$ das Ungleichheitszeichen:

$$r(\vartheta_0,\delta_1)<r(\vartheta_0,\delta_2)\,,$$

so heißt δ_1 *besser als* δ_2.

Ein Verfahren $\delta \in \Delta$ heißt *zulässig* (admissible) bez. Δ, wenn in Δ kein Verfahren existiert, das besser als δ ist; andernfalls heißt δ *unzulässig* (bez. Δ).

Die Angabe der Bezugsmenge Δ ist hierbei wesentlich, denn wie z. B. die Aufgabe 5 von Paragraph 6 zeigt, braucht ein bez. Δ zulässiges Verfahren (sogar ein bez. Δ gleichmäßig bestes Verfahren) bez. einer umfangreicheren Klasse Δ_0 nicht mehr zulässig zu sein. Die Frage nach der Zulässigkeit eines Verfahrens ist dann besonders schwierig zu beantworten, wenn Δ die Klasse aller (für eine gegebene Entscheidungssituation) möglichen Verfahren ist; hier gibt es noch verschiedene offene Probleme.

Es erscheint vernünftig, ein Verfahren δ nur dann als optimal bez. Δ zu bezeichnen, wenn δ bez. Δ zulässig ist. Das Bayes- und Minimax-Kriterium haben zwar die Eigenschaft, daß kein Verfahren δ einem besseren Verfahren δ' vorgezogen wird; dennoch kann die Anwendung dieser Kriterien zu unzulässigen Verfahren führen. Sobald das Bayes- oder Minimax-Verfahren jedoch eindeutig bestimmt ist, muß es auch zulässig sein (vgl. hierzu auch die Aufgaben 2 und 3):

Satz 1: *Existiert bez. der a priori Bewertung φ nur ein einziges Bayes-Verfahren δ_* in Δ, so ist δ_* zulässig (bez. Δ).*

Satz 2: *Existiert in Δ nur ein einziges Minimax-Verfahren δ_*, so ist δ_* zulässig (bez. Δ).*

In den Fällen, in denen das Bayes- oder Minimax-Verfahren nicht eindeutig bestimmt ist, empfiehlt sich die Ermittlung eines gleichmäßig besten Bayes- bzw. Minimax-Verfahrens (sofern ein solches existiert).

9.2 Vollständige Klassen

Die eingangs erwähnte Möglichkeit der Beschränkung auf eine Teilklasse Δ_* von Δ kann auf verschiedene Arten präzisiert werden:

Δ_* heißt *wesentlich vollständig* (essentially complete), wenn zu jedem Verfahren $\delta \in \Delta - \Delta_*$ ein $\delta' \in \Delta_*$ existiert, das mindestens so gut wie δ ist.

Δ_* heißt *vollständig*, wenn zu jedem Verfahren $\delta \in \Delta - \Delta_*$ ein $\delta' \in \Delta_*$ existiert, das besser als δ ist.

Δ_* heißt *minimal vollständig*, wenn Δ_* vollständig ist, und keine echte Teilklasse von Δ_* ebenfalls vollständig ist.

Aus den Definitionen ergibt sich, daß eine minimale vollständige Klasse auch vollständig ist, und eine vollständige Klasse auch wesentlich vollständig ist.

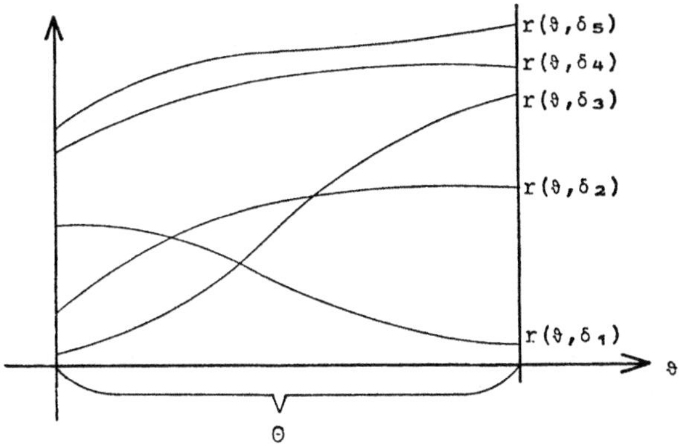

Fig. 23

In Fig. 23 sei $\Delta = \{\delta_1, \delta_2, \delta_3, \delta_4, \delta_5\}$. Vollständige Klassen von Δ sind $\Delta_* = \{\delta_1, \delta_2, \delta_3\}$, $\Delta_* = \{\delta_1, \delta_2, \delta_3, \delta_4\}$, $\Delta_* = \{\delta_1, \delta_2, \delta_3, \delta_5\}$ und schließlich Δ selbst; diese Klassen sind auch wesentlich vollständig. Minimal vollständig ist nur $\Delta_* = \{\delta_1, \delta_2, \delta_3\}$. Die Verfahren δ_1, δ_2, δ_3 sind zulässig, δ_4 und δ_5 sind unzulässig.

Wie Fig. 23 zeigt, können vollständige oder wesentlich vollständige Klassen im Gegensatz zu den minimal vollständigen Klassen noch unzulässige Verfahren enthalten.

Da wir uns ausschließlich an der Risikofunktion orientieren, besteht bei Kenntnis einer vollständigen, wesentlich vollständigen Klasse oder minimal vollständigen Klasse Δ_* keinerlei Notwendigkeit, diejenigen Verfahren $\delta \in \Delta$ zu betrachten, die außerhalb von Δ_* liegen. In der Literatur wird die Definition der wesentlichen Vollständigkeit am häufigsten verwandt, da diese Eigenschaft am einfachsten nachzuweisen ist. Auch die Sätze dieses Paragraphen beinhalten in der Regel eine Aussage über eine wesentlich vollständige Klasse.

Wie bereits früher angedeutet, bilden unter gewissen Voraussetzungen

— die Gesamtheit Δ_* aller Bayes-Verfahren von Δ eine (bez. Δ) wesentlich vollständige Klasse,
— die Gesamtheit Δ_* aller nichtrandomisierten Verfahren eine wesentlich vollständige Klasse und
— die Gesamtheit Δ_* aller nur von einer suffizienten Statistik abhängenden Verfahren eine wesentlich vollständige Klasse.

Da zur Formulierung der jeweils allgemeinsten Aussage mathematische Begriffe erforderlich sind, die nicht als bekannt vorausgesetzt werden können, wollen wir uns auf weniger allgemeine Sätze beschränken.

So gilt z. B. für die Gesamtheit Δ_* aller (randomisierten oder nichtrandomisierten) Bayes-Verfahren:

Satz 1: *Sind sowohl Θ als auch* D *endlich, so bildet für jede Schadensfunktion s die Gesamtheit Δ_* aller Bayes-Verfahren eine vollständige Klasse (bez. der Klasse Δ aller randomisierten Verfahren).*

Satz 2: *Ist ein ein- oder mehrdimensionaler Parameter ϑ zu schätzen, ist der Parameterraum Θ eine beschränkte und abgeschlossene Menge, ist die Dichte $f(x \mid \vartheta)$ stetig bez. ϑ (für jedes $x \in \mathfrak{X}$) und ist die Schadensfunktion $s(\vartheta, d)$ stetig bez. beider Variablen ϑ und d, so bildet die Gesamtheit Δ_* aller Bayes-Verfahren eine vollständige Klasse (bez. der Klasse Δ aller randomisierten Schätzfunktionen).*

Satz 2 gilt nicht mehr, wenn die Beschränktheit des Parameterbereichs nicht mehr gefordert wird. Betrachten wir ein Beispiel. Bei der Schätzung des Erwartungswertes ϑ einer normalverteilten Zufallsvariablen mit der Varianz 1 ist Θ eine eindimensionale Menge. Nimmt man $\Theta = \mathbb{R}$ an, so läßt sich z. B. zeigen [*Ferguson*, 1967, S. 48], daß das Stichprobenmittel $\delta_*(x) = \bar{x}$ sowie alle anderen erwartungstreuen Schätzfunktionen bez. der quadratischen Schadensfunktion keine Bayes-Schätzfunktionen sind (und die Klasse Δ_* der Bayes-Schätzfunktionen nicht vollständig ist). Das Stichprobenmittel δ_* ist jedoch „beinahe" eine Bayes-Schätzfunktion, denn es erfüllt folgende Bedingung:

Zu jedem $\varepsilon > 0$ existiert eine a priori Bewertung φ, so daß

$$r(\varphi, \delta_*) \leq \inf_{\delta \in \Delta} r(\varphi, \delta) + \varepsilon\,; \tag{1}$$

d. h. man kann sich dem Bayes-Risiko beliebig annähern.

Definiert man durch (1) sog. *verallgemeinerte Bayes-Verfahren*, so läßt sich zeigen [z. B. *Wald*, 1950, S. 100; *Ferguson*, 1967, S. 87], daß die Gesamtheit Δ_* der verallgemeinerten Bayes-Verfahren unter sehr allgemeinen Bedingungen (auch für Klassen Δ von mehrstufigen Verfahren) eine wesentlich vollständige Klasse bildet.

Ein zu Satz 1 analoges Ergebnis gilt auch für die Klasse Δ_* der nichtrandomisierten Verfahren; Θ und D werden wiederum als endlich vorausgesetzt und an die Schadensfunktion keinerlei Bedingung gestellt [*Dvoretzky, Wald, Wolfowitz*, 1951]:

Satz 3: *Sind sowohl Θ als auch* D *endlich, und ist $f(x \mid \vartheta)$ für jedes $\vartheta \in \Theta$ eine Wahrscheinlichkeitsdichte, so bildet für jede Schadensfunktion s die Gesamtheit Δ_* aller nichtrandomisierten Verfahren eine wesentlich vollständige Klasse (bez. der Klasse Δ aller randomisierten Verfahren).*

Für beliebige Parameterbereiche Θ gilt nach *Hodges* und *Lehmann* [1950]:

Satz 4: *Ist ein ein- oder mehrdimensionaler Parameter ϑ zu schätzen, ist der Parameterraum Θ konvex, und ist die Schadensfunktion $s(\vartheta, d)$ konvex in d, so ist die Gesamtheit Δ_* aller nichtrandomisierten Schätzfunktionen mit beschränkter Risikofunktion wesentlich vollständig (bez. der Klasse Δ aller randomisierten Schätzfunktionen mit beschränkter Risikofunktion).*

Zum besseren Verständnis dieses Satzes darf an Abschnitt 8.3 erinnert werden, wo dieser Satz benutzt wurde; dort wurde die Beschränktheit der Risikofunktion teils durch Beschränktheit der Stichprobenvariablen, teils durch Beschränktheit der Varianz erreicht. Die Aussage von Satz 4 ist natürlich nutzlos, wenn der Parameterraum Θ, die Dichte bzw. Wahrscheinlichkeitsfunktion $f(x \mid \vartheta)$ oder die Schadensfunktion s derart beschaffen sind, daß überhaupt keine Schätzfunktion mit beschränkter Risikofunktion existiert.

Es gilt weiterhin [*Ferguson*, 1967, S. 79]:

Satz 5: *Ist D eine konvexe ein- oder mehrdimensionale Menge und ist für jedes $\vartheta \in \Theta$ die Schadensfunktion $s(\vartheta, d)$ eine konvexe Funktion von d mit der Eigenschaft*[1]*:*

$$s(\vartheta, d) \to \infty, \quad \text{sobald } |d| \to \infty$$

so ist die Gesamtheit Δ_* der nichtrandomisierten Verfahren wesentlich vollständig (bez. der Klasse Δ aller randomisierten Verfahren).

Die folgenden Sätze beschäftigen sich mit der Gesamtheit Δ_* aller von einer suffizienten Statistik T abhängenden Verfahren δ, d. h. mit Verfahren δ, die der Bedingung

$$\delta(x) = \delta(x'), \quad \text{sobald } T(x) = T(x')$$

genügen. Hierfür wurde von *Bahadur* [1954] ein sehr allgemeiner Satz angegeben, bei dem Θ und D beliebige ein- oder mehrdimensionale Mengen sein können und der Schadensfunktion keinerlei Bedingung auferlegt wird; insbesondere gilt der Satz für Testprobleme, Mehrentscheidungsprobleme, Schätzprobleme und Intervallschätzprobleme.

Satz 6: *Sind Θ und D ein- oder mehrdimensionale Mengen und ist $T(x)$ eine für $\vartheta \in \Theta$ suffiziente Statistik, so ist für jede Schadensfunktion s die Gesamtheit Δ_* aller nur von T abhängenden randomisierten Verfahren wesentlich vollständig (bez. der Klasse Δ aller randomisierten Verfahren).*

Es liegt nahe, die Sätze über (wesentlich) vollständige Klassen sukzessive auf ein statistisches Entscheidungsproblem anzuwenden. So könnte man z. B.

---

[1] Sobald D eine beschränkte Menge ist, braucht diese Eigenschaft nicht gefordert zu werden.

versuchen, bei einem statistischen Entscheidungsproblem die Klasse Δ aller randomisierten Verfahren zuerst mittels Satz 6 auf die Klasse Δ_* aller von einer suffizienten Statistik T abhängenden Verfahren zu reduzieren, und anschließend Δ_* mittels Satz 5 auf die Klasse Δ_{**} der nichtrandomisierten Verfahren von Δ_* zu reduzieren. Wie die nachfolgenden Sätze 8 und 9 zeigen, gelangt man durch diese beiden sukzessiven Reduktionen wieder zu einer wesentlich vollständigen Klasse Δ_{**} von Δ. Im allgemeinen ist jedoch Vorsicht geboten, denn eine sukzessive Reduktion entspricht einer Durchschnittsbildung von vollständigen Klassen. Der Durchschnitt zweier (wesentlich) vollständiger Klassen von Δ braucht aber keine (wesentlich) vollständige Klasse von Δ zu sein. Sukzessive Reduktionen führen allerdings stets dann zu einer wesentlich vollständigen Klasse, wenn die Voraussetzungen von Satz 7 erfüllt sind.

Satz 7: *Ist Δ_* eine (wesentlich) vollständige Klasse bez. Δ und ist Δ_{**} eine (wesentlich) vollständige Klasse bez. Δ_*, so ist Δ_{**} auch eine (wesentlich) vollständige Klasse bez. Δ.*

Die nächsten Sätze zeigen, daß die „Kombination" von Satz 6 mit den Sätzen 5 und 4 jeweils wieder zu einer wesentlich vollständigen Klasse führt.

Satz 8: *Ist D eine konvexe ein- oder mehrdimensionale Menge, ist für jedes $\vartheta \in \Theta$ die Schadensfunktion $s(\vartheta, d)$ eine konvexe Funktion von d mit der Eigenschaft*[1]

$$s(\vartheta, d) \to \infty, \text{ sobald } |d| \to \infty,$$

und ist T eine suffiziente Statistik für $\vartheta \in \Theta$, so ist die Gesamtheit Δ_* aller nichtrandomisierten Verfahren, die nur von T abhängen[2]*, wesentlich vollständig (bez. der Klasse Δ aller randomisierten Verfahren).*

Satz 9: *Ist ein ein- oder mehrdimensionaler Parameter ϑ zu schätzen, ist der Parameterraum Θ konvex, ist die Schadensfunktion $s(\vartheta, \mathrm{d})$ konvex in* d, *und ist T eine suffiziente Statistik für $\vartheta \in \Theta$, so ist die Gesamtheit Δ_* aller derjenigen Schätzfunktionen, die*

— *nichtrandomisiert sind*
— *nur von T abhängen und*
— *eine beschränkte Risikofunktion besitzen,*

---

[1] Sobald D eine beschränkte Menge ist, braucht diese Eigenschaft nicht gefordert zu werden.

[2] *Rao* [1945] und *Blackwell* [1947] haben für jedes nichtrandomisierte Verfahren δ ein nichtrandomisiertes Verfahren δ' explizit angegeben, das nur von T abhängt und mindestens so gut wie δ ist.

wesentlich vollständig (bez. der Klasse Δ aller randomisierten Schätzfunktionen mit beschränkter Risikofunktion).

Die im Anschluß an Satz 4 gemachten Bemerkungen gelten auch für Satz 9.

9.3 Test- und Mehrentscheidungsprobleme

Der Entscheidungsraum D ist bei Test- bzw. Mehrentscheidungsproblemen zweielementig bzw. (bei k Entscheidungen) k-elementig; D ist insbesondere keine konvexe Menge. Deshalb liefern zwar die Sätze 1, 2, 3 und 6 des vorangehenden Abschnitts allgemeine Aussagen für derartige Probleme, jedoch nicht die (mehr auf Schätzprobleme ausgerichteten) Sätze 4, 5, 8 und 9.

Wir wollen nun die einzelnen Entscheidungen näher spezifizieren, um dadurch speziellere und für die Praxis wichtigere vollständige Klassen erhalten zu können.

Bei einseitigen Tests ist zwischen den Hypothesen

$$H_0 : \vartheta \leqq \vartheta_0 \quad \text{und} \quad H_1 : \vartheta > \vartheta_0 \tag{1}$$

über den Parameter ϑ einer Verteilungsklasse zu entscheiden. Wie in Paragraph 6 bedeute d_0 die Entscheidung für H_0 und d_1 die Entscheidung für H_1. Unter Zugrundelegung der allgemeinen Schadensfunktion

$$s(\vartheta, d_0) = \begin{cases} 0 & , \text{ für } \vartheta \leqq \vartheta_0 \\ s_0(\vartheta), & \text{für } \vartheta > \vartheta_0 \end{cases}, \quad s(\vartheta, d_1) = \begin{cases} s_1(\vartheta), & \text{für } \vartheta \leqq \vartheta_0 \\ 0 & , \text{ für } \vartheta > \vartheta_0 \end{cases} \tag{2}$$

(wobei $s_0(\vartheta)$ und $s_1(\vartheta)$ beliebige positive Funktionen sind), konnte in Satz 1 von 6.4 nachgewiesen werden, daß bei einer einparametrigen Verteilungsklasse mit einem in $T(x)$ monotonen Likelihoodquotienten ein gleichmäßig bester Test δ_* zum Niveau α die Struktur besitzt:

$$\delta_*(x) = \begin{cases} d_0 & , \text{ falls } T(x) < \varkappa \\ (p, 1-p), & \text{falls } T(x) = \varkappa \\ d_1 & , \text{ falls } T(x) > \varkappa \end{cases} \tag{3}$$

Läßt man $\varkappa \in \mathbb{R}$ und $p \in [0, 1]$ variieren, so bekommt man die Gesamtheit Δ_* aller Tests mit der Struktur (3). Der folgende Satz 1 sagt aus, daß Δ_* eine wesentlich vollständige Klasse ist.

Satz 1: *Ist bei einer einparametrigen Verteilungsklasse mit dem Parameter ϑ und einem in T monotonen Likelihoodquotienten zwischen den Hypothesen (1) zu entscheiden und wird die Schadensfunktion (2) zugrundegelegt, so ist die Gesamtheit Δ_* aller Tests mit der Struktur (3) wesentlich vollständig (bez. der Klasse Δ aller randomisierten Tests).*

Satz 1 rechtfertigt die intuitiv naheliegende Vorgehensweise, die Entscheidung zwischen H_0 und H_1 von dem Wert einer geeigneten Testgröße abhängen zu lassen; denn Satz 1 sagt aus, daß bei dieser intuitiven Vorgehensweise „nichts verschenkt wird", wenn als Testgröße die Statistik T benutzt wird. Es läßt sich sogar zeigen [*Ferguson*, 1967, S. 212], daß diese intuitive Vorgehensweise in der Regel zulässige Tests liefert:

Satz 2: *Sind die Voraussetzungen von Satz 1 erfüllt und ist die Menge*

$$\{x : f(x \mid \vartheta) > 0\}$$

von ϑ unabhängig, so ist jeder Test mit der Struktur (3) zulässig.

Die in Satz 2 geforderte Unabhängigkeit ist z. B. bei jeder einparametrigen Exponentialfamilie (vgl. 6.1) erfüllt.

Bei zweiseitigen Tests ist zwischen den Hypothesen

$$H_0 : \vartheta \in [\vartheta_1, \vartheta_2] \quad \text{und} \quad H_1 : \vartheta \notin [\vartheta_1, \vartheta_2] \tag{4}$$

zu entscheiden. Unter Zugrundelegung der allgemeinen Schadensfunktion

$$s(\vartheta, \mathrm{d}_0) = \begin{cases} 0 & , \text{ für } \vartheta \in [\vartheta_1, \vartheta_2] \\ s_0(\vartheta), & \text{für } \vartheta \notin [\vartheta_1, \vartheta_2] \end{cases}, \quad s(\vartheta, \mathrm{d}_1) = \begin{cases} s_1(\vartheta), & \text{für } \vartheta \in [\vartheta_1, \vartheta_2] \\ 0 & , \text{ für } \vartheta \notin [\vartheta_1, \vartheta_2] \end{cases} \tag{5}$$

(wobei $s_0(\vartheta)$ und $s_1(\vartheta)$ beliebige positive Funktionen sind), konnte in Satz 2 von 6.4 nachgewiesen werden, daß bei einer einparametrigen Exponentialfamilie ein gleichmäßig bester unverfälschter Test δ_* zum Niveau α die Struktur besitzt:

$$\delta_*(x) = \begin{cases} \mathrm{d}_0 & , \text{ falls } T(x) \in (\varkappa_1, \varkappa_2) \\ (p_i, 1-p_i), & \text{falls } T(x) = \varkappa_i \ (i = 1, 2) \\ \mathrm{d}_1 & , \text{ falls } T(x) \notin [\varkappa_1, \varkappa_2] \end{cases} \tag{6}$$

Dabei ist T die aus der Exponentialdarstellung

$$f(x \mid \vartheta) = a(\vartheta)\, b(x) \exp[T(x)\, b(\vartheta)]$$

zu entnehmende Statistik.

Auch beim zweiseitigen Testproblem läßt sich zeigen, daß die durch Variation von $\varkappa_1 \in \mathbb{R}$, $\varkappa_2 \in \mathbb{R}$, $p_1 \in [0, 1]$, $p_2 \in [0, 1]$ entstehende Gesamtheit Δ_* aller Tests mit der Struktur (6) eine wesentlich vollständige Klasse bildet.

Satz 3: *Ist bei einer einparametrigen Exponentialfamilie mit dem Parameter ϑ zwischen den Hypothesen (4) zu entscheiden und wird die Schadensfunktion (5) zugrundegelegt, so ist die Gesamtheit Δ_* aller Tests mit der Struktur (6) wesentlich vollständig (bez. der Klasse Δ aller randomisierten Tests). Ferner sind alle Tests aus Δ_* zulässig.*

Die Sätze 1, 2 und 3 bleiben gültig, wenn die Hypothese H_0 anstelle von

$$\vartheta \leqq \vartheta_0 \quad \text{bzw.} \quad \vartheta \in [\vartheta_1, \vartheta_2]$$

durch

$$\vartheta < \vartheta_0 \quad \text{bzw.} \quad \vartheta \in (\vartheta_1, \vartheta_2),\ \vartheta \in [\vartheta_1, \vartheta_2),\ \vartheta \in (\vartheta_1, \vartheta_2]$$

charakterisiert wird.

Abschließend seien noch kurz zwei Verallgemeinerungen des bisher betrachteten einseitigen Testproblems erwähnt. Die erste besteht darin, daß sequentielle Verfahren anstelle der einstufigen Verfahren zugelassen werden. Die zweite besteht darin, daß k ($\geqq 2$) Entscheidungen $\mathrm{d}_1, \mathrm{d}_2, \ldots, \mathrm{d}_k$ anstelle der beiden Entscheidungen d_0 und d_1 zugelassen werden.

a) Für den sequentiellen Fall nehmen wir an, daß eine einparametrige Exponentialfamilie mit dem Parameter ϑ und der zugehörigen Statistik T vorliegt, und daß neben der Schadensfunktion s auch die Stichprobenkostenfunktion c gegeben ist.

Zur Entscheidung zwischen $H_0: \vartheta \leqq \vartheta_0$ und $H_1: \vartheta > \vartheta_0$ bietet sich wegen der Suffizienz von T und wegen Satz 1 folgende Vorgehensweise an:

Aufgrund der Beobachtung von X_1 ist die Entscheidung d_0 bzw. d_1 dann zu treffen, wenn die Realisation x_1 deutlich für eine der Entscheidungen spricht, d. h. wenn

$$T(x_1) < \varkappa_{10} \quad \text{bzw.} \quad T(x_1) > \varkappa_{11}$$

(für geeignete Konstanten $\varkappa_{10}$ und $\varkappa_{11}$) gilt; andernfalls ist die Fortsetzungsentscheidung d_f zu treffen, d. h. X_2 zu beobachten. In dem letzteren Fall ist die Entscheidung d_0 bzw. d_1 dann zu treffen, wenn

$$\sum_{i=1}^{2} T(x_i) < \varkappa_{20} \quad \text{bzw.} \quad \sum_{i=1}^{2} T(x_i) > \varkappa_{21}$$

gilt; andernfalls ist wieder d_f zu treffen, d. h. X_3 zu beobachten usw.

Ein derartiger sequentieller Test δ ist charakterisiert durch die Vorgabe einer Folge $[\varkappa_{n0}, \varkappa_{n1}]$ von Intervallen, die Vorschrift für die n-te Stufe ($n = 1, 2, \ldots$):

$$\delta(x_1, \ldots, x_n) = \begin{cases} \mathrm{d}_0, & \text{falls } \sum_{i=1}^{n} T(x_i) < \varkappa_{n0} \\ \mathrm{d}_f, & \text{falls } \varkappa_{n0} < \sum_{i=1}^{n} T(x_i) < \varkappa_{n1} \\ \mathrm{d}_1, & \text{falls } \sum_{i=1}^{n} T(x_i) > \varkappa_{n1} \end{cases}$$

und die zusätzliche Vorschrift, was im Falle

$$\sum_{i=1}^{n} T(x_i) = \varkappa_{nj} \quad (j = 0, 1) \tag{7}$$

zu tun ist[1]).

[1]) Oben wurde vorausgesetzt, daß auch im Falle (7) die Fortsetzungsentscheidung d_f zu treffen ist.

Dieser sequentielle Test δ hängt also insbesondere nur über n und $\sum_1^n T(x_i)$ von den Stichprobenrealisationen ab und hat in jeder Stufe Annahmebereiche von demselben Typus wie im einstufigen Fall. Läßt man im Fall (7) zu, daß entweder die Entscheidung d_j getroffen wird oder zwischen d_j und d_f (mit beliebigen Wahrscheinlichkeiten) randomisiert wird, so erhält man schließlich durch Variation der $\varkappa_{n0}$, $\varkappa_{n1}$ und der Vorschrift für (7) eine Klasse Δ_* von sequentiellen Tests.

Man kann zeigen [vgl. *Sobel*, 1953], daß Δ_* unter gewissen Voraussetzungen wesentlich vollständig ist bez. der Klasse Δ aller randomisierten sequentiellen Tests mit beschränkter Risikofunktion.

b) Nun kehren wir wieder zu den einstufigen Verfahren zurück, nehmen aber an, daß k Entscheidungen $d_1, d_2, \ldots, d_k$ zu treffen sind und daß die Entscheidung d_i richtig ist (d. h. der Schaden Null ist), wenn der eindimensionale Parameter ϑ die Ungleichungen

$$\vartheta_{i-1} < \vartheta \leqq \vartheta_i \tag{8}$$

erfüllt ($i = 1, \ldots, k$). Derartige Mehrentscheidungsprobleme treten beispielsweise dann auf, wenn die Leitung einer Unternehmung k verschiedene Möglichkeiten einer Kapazitätsausweitung erörtert und sich für eine dieser Möglichkeiten entscheiden muß. Bei der Produktion eines Konsumgutes kann ϑ ein für den Absatz wesentlicher Parameter sein, über den mittels einer Verbraucherbefragung eine (Stichproben-)Information eingeholt wird; bei der Produktion eines Medikamentes kann ϑ die Wahrscheinlichkeit für eine Heilung bedeuten, über die mittels einer Versuchsreihe an Testpersonen eine (Stichproben-)Information eingeholt wird, usw. Ist d_1 diejenige Entscheidung, die mit den geringsten Kosten und der geringsten Kapazitätsausweitung verknüpft ist, so kann d_1 dann als optimal (unter $d_1, \ldots, d_k$) angenommen werden, wenn ϑ möglichst klein ist und etwa $\vartheta_0 < \vartheta \leqq \vartheta_1$ gilt; entsprechend ergeben sich bei geeigneter Numerierung der Entscheidungen die Bereiche (8), für die die verschiedenen Entscheidungen jeweils optimal sind.

Dies ist offensichtlich eine Verallgemeinerung des einseitigen Testproblems, denn speziell für $k = 2$ ergibt sich die für das einseitige Testproblem relevante Zerlegung des Parameterraumes Θ.

Die einfachste Schadensfunktion, die für unser Mehrentscheidungsproblem in Frage kommt, ist

$$s(\vartheta, d_i) = \begin{cases} 0, & \text{falls } \vartheta_{i-1} < \vartheta \leqq \vartheta_i \\ 1, & \text{sonst} \end{cases} \qquad (i = 1, \ldots, k) \tag{9}$$

Bei Problemen der Praxis wird der Schaden $s(\vartheta, d_i)$ um so größer sein, je weiter ϑ von ϑ_i bzw. ϑ_{i-1} entfernt ist.

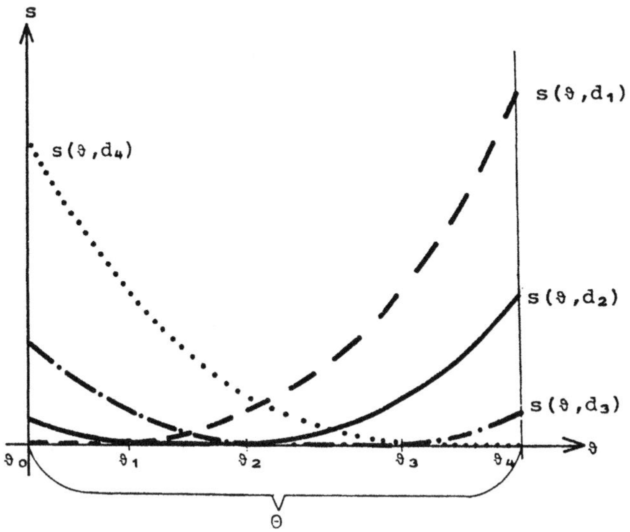

Fig. 24

Fig. 24 zeigt die Situation für $k=4$. Wir wollen deshalb von der stückweise konstanten Schadensfunktion (9) zu einer allgemeineren Schadensfunktion übergehen und lediglich fordern:

$$\left.\begin{array}{l} s(\vartheta, \mathrm{d}_i) - s(\vartheta, \mathrm{d}_{i+1}) \leqq 0 \text{ für } \vartheta < \vartheta_i \\ s(\vartheta, \mathrm{d}_i) - s(\vartheta, \mathrm{d}_{i+1}) \geqq 0 \text{ für } \vartheta > \vartheta_i \end{array}\right. (i = 1, \ldots, k-1) \tag{10}$$

d. h. ist ϑ kleiner als ϑ_i, so ist die Entscheidung d_i besser als die Entscheidung d_{i+1}, ist ϑ größer als ϑ_i, so ist die Entscheidung d_i schlechter als die Entscheidung d_{i+1}.

Wie bei den anderen Problemen dieses Abschnitts bietet sich auch hier als intuitiv naheliegende Vorgehensweise an, kritische Schranken $\varkappa_0, \varkappa_1, \ldots, \varkappa_k$ festzulegen und die Entscheidung d_i zu treffen, wenn der Wert einer geeigneten Statistik $T(x)$ zwischen $\varkappa_{i-1}$ und $\varkappa_i$ liegt:

$$\delta(x) = \mathrm{d}_i, \text{ falls } \varkappa_{i-1} < T(x) < \varkappa_i \tag{11}$$

Ergänzen wir (11) dadurch, daß für den Fall $T(x) = \varkappa_i$ eine Randomisierung (mit beliebigen Wahrscheinlichkeiten) zwischen d_i und d_{i+1} durchgeführt wird, so erhält man durch Variation der $\varkappa_i$ und der Wahrscheinlichkeiten für die Randomisierung eine Klasse Δ_* von Verfahren. Es läßt sich zeigen [*Ferguson*, 1967, S. 286], daß Δ_* wesentlich vollständig ist, wenn die Verteilung der Stichprobenvariablen zu einer Exponentialfamilie gehört, oder noch allgemeiner, einen monotonen Likelihoodquotienten besitzt.

Satz 4: *Ist bei einer einparametrigen Verteilungsklasse mit dem Parameter ϑ und einem in T monotonen Likelihoodquotienten ein Mehrentscheidungsproblem mit der Schadensfunktion (10) gegeben, so ist die Gesamtheit Δ_* aller Verfahren mit der Struktur (11) wesentlich vollständig (bez. der Klasse Δ aller randomisierten Mehrentscheidungsverfahren).*

9.4 Aufgaben

Aufgabe 1:

Der Parameter ϑ einer einparametrigen Exponentialfamilie variiere in einer konvexen Menge Θ und ist unter Zugrundelegung der Schadensfunkfunktion

$$s(\vartheta, \mathrm{d}) = |\vartheta - \mathrm{d}|$$

zu schätzen. Man gebe eine wesentlich vollständige Klasse Δ_* von Schätzfunktionen an.

Lösung:

Nach 6.2, Satz 2 ist die zur Exponentialfamilie gehörende Statistik $T(x)$ suffizient, so daß die Voraussetzungen von 9.2, Satz 8 erfüllt sind.

Die Gesamtheit Δ_* aller nichtrandomisierten Schätzfunktionen, die Funktionen von $T(x)$ sind, bildet demnach eine wesentlich vollständige Klasse (bez. der Gesamtheit Δ aller randomisierten Schätzverfahren).

Aufgabe 2:

Satz 1 von 9.1 besagt, daß ein Bayes-Verfahren dann zulässig ist, wenn es eindeutig bestimmt ist. Man verifiziere diese Aussage.

Lösung:

Ist δ_* ein Bayes-Verfahren bez. der a priori Bewertung φ, so gilt definitionsgemäß

$$E_\varphi\, r(\vartheta, \delta_*) \leqq E_\varphi\, r(\vartheta, \delta) \text{ für alle } \delta \in \Delta$$

Existiert ein Verfahren $\delta' \in \Delta$, das besser als δ_* ist, so muß auch

$$E_\varphi\, r(\vartheta, \delta') \leqq E_\varphi\, r(\vartheta, \delta_*)$$

gelten, und damit

$$E_\varphi\, r(\vartheta, \delta') = E_\varphi\, r(\vartheta, \delta_*)$$

Ist das Bayes-Verfahren δ_* eindeutig bestimmt, so kann diese Gleichung nicht gelten, da sonst δ' ebenfalls ein Bayes-Verfahren wäre. Somit gibt es zu einem eindeutig bestimmten Bayes-Verfahren δ_* kein besseres Verfahren; d. h. die Zulässigkeit von δ_* ist nachgewiesen.

Aufgabe 3:

Satz 2 von 9.1 besagt, daß ein Minimax-Verfahren dann zulässig ist, wenn es eindeutig bestimmt ist. Man verifiziere diese Aussage.

Lösung:

Der Lösungsgang entspricht dem der Aufgabe 2.

Ein Minimax-Verfahren δ_* minimiert definitionsgemäß das Risikosupremum. Ein Verfahren δ', das besser als δ_* ist, kann kein größeres Risikosupremum als δ_* haben. Also muß δ' dasselbe Risikosupremum wie δ_* besitzen; δ' ist demnach ebenfalls ein Minimax-Verfahren. Daraus ergibt sich, daß zu einem eindeutig bestimmten Minimax-Verfahren kein besseres Verfahren existieren kann.

Literaturverzeichnis

Aggarwal, O. P.: Some minimax invariant procedures for estimating a cumulative distribution function. Ann. Math. Stat., **26**, 450—463, 1955.

—: Bayes and minimax procedures in sampling from finite and infinite populations. Ann. Math. Stat., **30**, 206—218, 1959.

—: Bayes and minimax procedures for estimating the arithmetic mean of a population with two stage sampling. Ann. Math. Stat., **37**, 1186—1195, 1966.

Albert, G. E.: On the computation of the sampling characteristics of a general class of sequential decision problems. Ann. Math. Stat., **25**, 340—356, 1954.

—: Accurate sequential tests on the mean of an exponential distribution. Ann. Math. Stat., **27**, 460—470, 1956.

Allen, S. G.: A class of minimax tests for one-sided composite hypotheses. Ann. Math. Stat., **24**, 295—298, 1953.

Anderson, T. W.: On Bayes procedures for a problem with choice of observations. Ann. Math. Stat., **35**, 1128—1135, 1964.

Bahadur, R. R.: Sufficiency and statistical decision functions. Ann. Math. Stat., **25**, 423—462, 1954.

Bahadur, R. R., L. A. Goodman: Impartial decision rules and sufficient statistics. Ann. Math. Stat., **23**, 553—562, 1952.

Bahadur, R. R., L. J. Savage: The nonexistence of certain statistical procedures in nonparametric problems. Ann. Math. Stat., **27**, 1115—1122, 1956.

Bamberg, G.: Statistische Entscheidungstheorie. Management-Lexikon, Wiesbaden 1972.

Bamberg, G., O. Emrich: Lineare Regression mit kumulativem Fehler in der unabhängigen Variablen. Operations Research Verfahren, **VIII**, 1—14, 1970.

Bamberg, G., B. Rauhut: Lineare Regression bei alternativen Schadensfunktionen, Operations Research Verfahren, **XII**, 1972.

Baranchik, A. J.: A family of minimax estimators of the mean of a multivariate normal distribution. Ann. Math. Stat., **41**, 642—645, 1970.

Bartenschlager, H.: Bestimmung der Schranken des Sequentialquotiententests zu gegebenem Fehler erster und zweiter Art. Operations Research Verfahren, **VII**, 54—70, 1970.

Basler, H.: Bestimmung kostenoptimaler Prüfpläne mittels des Minimax-Prinzips. Metrika, **12**, 115—154, 1967.

—: Grundbegriffe der Wahrscheinlichkeitsrechnung und statistischen Methodenlehre. Würzburg, Wien 1968.

Behara, M., N. Giri: Locally and asymptotically minimax tests of some multivariate decision problems. Archiv der Mathematik, 21, 436—441, 1971.

Betaque, N. E., G. A. Gorry: Automatic judgmental decision making of a serious medical problem. Management Science, **17**, Nr. 8, 421—434, 1971.

Bhattacharya, P. K.: Estimating the mean of a multivariate normal population with general quadratic loss function. Ann. Math. Stat., **37**, 1819—1824, 1966.

Bickel, P. J., J. A. Yahav: Asymptotically optimal Bayes and minimax procedures in sequential estimation. Ann. Math. Stat., **39**, 442—456, 1968.

Bierlein, D.: Einheitliche Prinzipien für die Beurteilung statistischer Verfahren. Blätter der Deutschen Gesellschaft für Versicherungsmathematik, **6**, 245—252, 1963.

—: Zur Einbeziehung der Erfahrung in spieltheoretische Modelle. Operations Research Verfahren, III, 29—54, 1967.

—: Spieltheorie. Vervielfältigte Vorlesungsausarbeitung, Karlsruhe 1967.

Birnbaum, A.: Characterizations of complete classes of tests of some multiparametric hypotheses, with applications to Likelihood ratio tests. Ann. Math. Stat., **26**, 31—36, 1955.

Blackwell, D.: Conditional expectations and unbiased sequential estimation. Ann. Math. Stat., **18**, 105—110, 1947.

Blackwell, D., M. A. Girshick: Theory of games and statistical decisions. New York 1954.

Blyth, C. R.: On minimax statistical procedures and their admissibility. Ann. Math. Stat., **22**, 22—42, 1951.

—: On the inference and decision models of statistics. Ann. Math. Stat., **41**, 1034—1053, 1970.

Borch, K. H.: Wirtschaftliches Verhalten bei Unsicherheit. München, Wien 1969.

Brown, L. D.: On the admissibility of invariant estimation of one or more location parameters. Ann. Math. Stat., **37**, 1087—1136, 1966.

—: Inadmissibility of the usual estimators of scale parameters in problems with unknown location and scale parameters. Ann. Math. Stat., 39, 29—48, 1968.

Bunke, O.: Bedingte Strategien in der Spieltheorie: Existenzsätze und Anwendung auf statistische Entscheidungsfunktionen. Transactions of the Third Prague Conference on Information Theory, Statistical Decision Functions, Random Processes 1964.

Burger, E.: Einführung in die Theorie der Spiele. Berlin 1966.

Chernoff, H.: Sequential design of experiments. Ann. Math. Stat., **30**, 755—770, 1959.

Chernoff, H., L. E. Moses: Elementary decision theory. New York, London, Sydney 1959.

Chetty, V. K.: Bayesian analysis of Haavelmo's models. Econometrica, **36**, 582—602, 1968.

Cochran, W. G.: Sampling techniques. New York, London, Sydney 1963.

Cogburn, R.: Stringent solutions to statistical decision problems. Ann. Math. Stat., **38**, 447—463, 1967.

Colton, T.: A model for selecting one of two medical treatments. Journal of the Am. Stat. Ass., **58**, 388—400, 1963.

Cornfield, J.: A Bayesian test of some classical hypotheses — with application to sequential clinical trials. Journal of the Am. Stat. Ass., 61, 577—594, 1966.

Dane, C. W.: Statistical decision theory and application to forest engineering. Journal of Forestry, **63**, 276—279, 1965.

Dvoretzky, A., A. Wald, J. Wolfowitz: Elimination of randomization in certain statistical decision procedures and zero-sum two-person games. Ann. Math. Stat., **22**, 1—21, 1951.

Dvoretzky, A., J. Kiefer, J. Wolfowitz: Sequential decision problems for processes with continuous time parameter. Testing hypotheses. Ann. Math. Stat., **24**, 254—264 + Korrektur in Ann. Math. Stat., **30**, 1265, 1953.

—: Sequential decision problems for processes with continuous time parameter. Problems of estimation. Ann. Math. Stat., **24**, 403—415, 1953.

Eaton, M. L.: A complete class theorem for multidimensional one sided alternatives. Ann. Math. Stat., **41**, 1884—1888, 1970.

Edwards, W., H. Lindman, L. J. Savage: Bayesian statistical inference for psychological research. Psychological Review, **70**, 193—242, 1963.

Epstein, B., M. Sobel: Sequential life tests in the exponentical case. Ann. Math. Stat., **26**, 82,—93, 1955.

Ericson, W. A.: Optimal allocation in stratified and multistage samples using prior information. Journal of the Am. Stat. Ass., 63, 964—983, 1968.

Evans, J. G.: Bayesian estimation of the variance of a normal distribution. Journal of the Royal Statistical Society, Series B., 26, 63—68, 1964.

Fabian, V., A. Spacek: Experience in statistical decision problems. Czechoslovak Mathematical Journal, **6**, 190—194, 1956.

Farell, R. H.: On a necessary and sufficient condition for admissibility of estimators when strictly convex loss is used. Ann. Math. Stat., **39**, 23—28, 1968.

Ferguson, T. S.: Mathematical statistics, a decision theoretic approach. New York, London 1967.

Fieger, W.: Eine statistische Charakterisierung der Normalverteilung. Zeitschrift für Wahrscheinlichkeitstheorie und verw. Gebiete, **19**, 330—344, 1971.

Fraser, D. A. S.: Completeness of order statistics. Canadian Journal of Math., **6**, 42—45, 1953.

Geisser, S.: Bayesian estimation in multivariate analysis. Ann. Math. Stat. **36**, 150—159, 1965.

Giri, N.: Locally and asymptotically minimax tests of a multivariate problem. Ann. Math., **39**, 171—178, 1968.

Girshick, M. A., S. Karlin, H. L. Royden: Multistage statistical decision procedures. Ann. Math. Stat., **28**, 111—125, 1957.

Girshick, M. A., H. Rubin: A Bayes approach to a quality control model. Ann. Math. Stat., **23**, 114—125, 1952.

Girshick, M. A., J. L. Savage: Bayes and minimax estimates for quadratic loss functions. Proceedings of the Second Berkeley Symp. on Math. Stat. and Prob., University of California Press, 53—73, 1951.

Godambe, V. P.: Admissibility and Bayes estimation in sampling from finite populations — V. Ann. Math. Stat., **40**, 672—676, 1969.

Godambe, V. P., V. M. Joshi: Admissibility and Bayes estimation in sampling finite populations — I. Ann. Math. Stat., **36**, 1707—1723, 1965.

Gosh, M. N.: An extension of Wald's decision theory to unbounded weight functions. Sankhyā, Ser. A, **12**, 8—26, 1952.

Green, P. E.: Bayesian decision theory in advertising. Journal of Advertising Research, **2**, 33—41, 1962.

Groot, M. H. de, M. M. Rao: Bayes estimation with convex loss. Ann. Math. Stat., **34**, 839—846, 1963.

Grundy, P. M., M. J. R. Healy, D. H. Rees: Economic choice of the amount of experimentation. Journal of the Royal Stat. Soc., Ser. B, **18**, 32—55, 1956.

Hadley, G.: Introduction to probability and statistical decision theory. San Francisco, Cambridge, London, Amsterdam 1967.

Hall, W. J.: Most economical multiple-decision rules. Ann. Math. Stat., **29**, 1079 to 1094, 1958.

—: The most-economical character of some Bechhofer and Sobel decision rules. Ann. Math., Stat., **30**, 964—969, 1959.

Hanurav, T. V.: Hyper-admissibility and optimum estimators for sampling finite populations. Ann. Math. Stat, **39**, 621—642, 1968.

Hayes, R. H.: Efficiency of simple order statistic estimates when losses are piecewise linear. Journal of the Am. Stat. Ass., **66**, 127—135, 1971.

Helten, E.: Zur Bayes-Analysis. Jahrbücher für Nationalökonomie und Statistik, **185**, 528—545, 1971.

Hirshleifer, J.: The Bayesian approach to statistical decision: An exposition. Journal of Business, **34**, 471—489, 1961.

Hodges, J. L., E. L. Lehmann: Some problems in minimax point estimation. Ann. Math. Stat., **21**, 182—197, 1950.

—: The use of previous experience in reaching statistical decisions. Ann. Math. Stat., **22**, 396—407, 1952.

Hoel, P. G.: On a sequential test for the general linear hypothesis. Ann. Math. Stat., **26**, 136—139, 1955.

Hoel, P. G., R. P. Peterson: A solution to the problem of optimum classification. Ann. Math. Stat., 20, 433—438, 1949.

Holm, R. H.: On non-parametric asymptotically minimax tests. Ann. Math. Stat., **42**, 497—508, 1971.

Isard, W., T. A. Reiner: Use of statistical decision theory in regional planning. Regional Science Association, Papers and Proceedings, 10, 1—7, 1963.

James, W., C. Stein: Estimation with quadratic Loss. Proceedings of the Fourth Berkeley Symposium on Math. Stat. and Probability, I, University of California Press, 361—379, 1961.

Joshi, V. M.: Admissibility and Bayes estimation in sampling finite populations II, III bzw. IV. Ann. Math. Stat., **36**, 1723—1742 bzw. **37**, 1658—1670, 1965 bzw. 1966.

—: Inadmissibility of the usual confidence sets for the mean of a multivariate normal population. Ann. Math. Stat., **38**, 1868—1875, 1967.

—: Admissibility of the sample mean as estimate of the mean of a finite population. Ann. Math. Stat., 39, 606—620, 1968.

—: Note on a minimax design for cluster sampling. Ann. Math. Stat., **39**, 278—281, 1968.

Johnson, N. L.: Some notes on the application of sequential methods in the analysis of variance. Ann. Math. Stat., **24**, 614—623, 1953.

Karlin, S.: Pólya-type distributions, III: Admissibility of multi-action problems. Ann. Math. Stat., **28**, 839—860, 1957.

—: Pólya-type distributions IV. Some principles of selecting a single procedure from a complete class. Ann. Math. Stat., **29**, 1—21, 1958.

—: Admissibility for estimation with quadratic loss. Ann. Math. Stat., **29**, 406—436, 1958.

Karlin, S., H. Rubin: The theory of decision procedures for distributions with monotone Likelihood ratio. Ann. Math. Stat., **27**, 272—299, 1956.

Katz, M. W.: Admissible and minimax estimates of parameters in truncated spaces. Ann. Math. Stat., **32**, 136—142, 1961.

Kellerer, H. G.: Das asymptotische Verhalten des Minimax-Risikos bei wachsendem Stichprobenumfang. Metrika, **7**, 205—212, 1963.

Kiefer, J.: Sequential minimax estimation for the rectangular distribution with unknown range. Ann. Math. Stat., **23**, 586—593, 1952.

—: On Wald's complete class theorems. Ann. Math. Stat., 24, 70—75, 1953.

—: Invariance, minimax sequential estimation and continuous time processes. Ann. Math. Stat., **28**, 573—601, 1957.

—: On the nonrandomized optimality and randomized nonoptimality of symmetrical designs. Ann. Math. Stat., **29**, 675—699, 1958.

Kloss, H.: Φ-optimale Punktschätzung einer Wahrscheinlichkeit bei kleinem Stichprobenumfang. Operations Research Verfahren, **VII**, 285—300, 1970.

Konijn, H. S.: On certain classes of statistical decision procedures. Ann. Math. Stat., **24**, 440—448 [+ Korrektur in Ann. Math. Stat., **25**, 170—171], 1953.

Krafft, O.: Eine symmetrische Behandlung dest Testproblems. Archiv der Mathematik, **18**, 545—560, 1967.

Krafft, O., W. Plachky: Bounds for the power of likelihood ratio tests and their asymptotic properties. Ann. Math. Stat., 41, 1646—1654, 1970.

Krafft, O., N. Schmitz: A symmetrical multiple decision problem and linear programming. Operations Research Verfahren, **VII**, 126—149, 1970.

Krafft, O., H. Witting: Optimale Tests und ungünstige Verteilungen. Zeitschrift für Wahrscheinlichkeitstheorie und verwandte Gebiete, **7**, 289—302, 1968.

Kudo, A.: The symmetrical multiple decision problem. Memoirs of the Faculty of Science, Kyushu Univ., Fukuoka, 179—206, 1960.

Kudō, H.: On partial prior information and the property of parametric sufficiencs. Proceedings of the Fifth Berkely Symp. on Math. Stat. and Prob., University of California Press, **1**, 251—265, 1967.

Kurotschka, V.: Optimale Versuchspläne bei zweifach klassifizierten Beobachtungsmodellen. Metrika, **17**, 215—232, 1971.

Kusama, T.: Remarks on admissibility of decision functions. Ann. of the Inst. of Stat. Math., **18**, 141—148, 1966.

LeCam, L.: An extension of Wald's theory of statistical decision functions. Ann. Math. Stat., **26**, 69—81, 1955.

Lehmann, E. L.: A general concept of unbiasedness. Ann. Math. Stat., **22**, 587—592, 1951.

—: On the existence of least favorable distributions. Ann. Math. Stat., **23**, 408 to 416, 1952.

—: A theory of some multiple decision problems I, II. Ann. Math. Stat., **28**, 1—25 bzw. 547—572, 1957.

—: Testing statistical hypotheses. New York, London, Sydney 1959.

Lehmann, E. L., H. Scheffé: Completeness, similar regions and unbiased estimation. Sankhyā, **10**, 305—340 bzw. **15**, 219—236, 1950 bzw. 1955.

Lehmann, E. L., C. Stein: The admissibility of certain invariant statistical tests involving translation parameter. Ann. Math. Stat., **24**, 473—479, 1953.

Leunbach, G.: An illustration of the application of statistical decision functions in a telephone plant. Nordisk Tidsskrift Tekn. Okon., 146—150, 1955.

Lindley, D. V.: Introduction to probability and statistics from a Bayesian viewpoint, Part 2. Cambridge, University Press 1965.

Luce, R. D., H. Raiffa: Games and decisions. New York, London, Sydney 1957.

Mammitzsch, V.: Bayeslösungen bei mehrstufigen Tests. Zeitschr. f. Wahrscheinlichkeitstheorie und verwandte Gebiete, **19**, 123—166, 1971.

Maritz, J.: Empirical Bayes methods. London 1970.

Menges, G.: Kriterien optimaler Entscheidungen unter Ungewißheit. Statistische Hefte, **4**, 151—171, 1963.

—: Vorentscheidungen. Operations Research Verfahren, **II**, 24—40, 1965.

—: On the "Bayesification" of the minimax-principle. Unternehmensforschung, **10**, 81—91, 1966.

—: Über ein Akkomodationsprinzip in der statistischen Entscheidungstheorie. Abhandlung der Deutschen Akademie der Wissenschaften, Berlin, Nr. 4, 101—110, 1967.

—: Grundmodelle wirtschaftlicher Entscheidungen. Köln und Opladen 1969.

—: Statistische Entscheidungstheorie. In Beiträge zur Unternehmensforschung, 61 bis 101, Würzburg, Wien 1969.

Middleton, D., D. van Meter: Detection and extraction of signals in noise from the point of view of statistical decision theory. Journal of the Society of Industrial and Applied Mathematics, **4**, 86—119, 1956.

Moriguti, S.: Notes on sampling inspection plans. Reports of statistical application research, Union of Japanese Scientists and Engineers, **3**, 99—121, 1955.

Murty, V. N.: Minimax designs. Journal of the Am. Stat. Ass., **66**, 319—320, 1971.

Nelson, W.: Minimax solution of statistical decision problems by iteration. Ann. Math. Stat., **37**, 1643—1657, 1966.

Neumann, J. v., O. Morgenstern: Theory of games and economic behaviour. Princeton 1947.

Padmanabhan, A. R.: Some results on minimum variance unbiased estimation. Sankhyā, Ser. A, **33**, 107—114, 1971.

Penkov, B., R. Theodorescu: Über die spieltheoretische Behandlung von Prüfplänen. Metrika, **11**, 122—126, 1967.

Perng, S. K.: In admissibility of various "good" statistical procedures which are translation invariant. Ann. Math. Stat., **41**, 1311—1321, 1970.

Pfanzagl, J.: Sampling procedures based on prior distributions and costs. Technometrics, **5**, 47—61, 1963.

Pfanzagl, J., W. Schäfer: The efficiency of sequential sampling plans based on prior distributions and costs. Technometrics, **12**, 299—310, 1970.

Portnoy, S., C. Stein: Inadmissibility of the best invariant test in three or more dimensions. Ann. Math. Stat., **42**, 799—801, 1971.

Pratt, J. W., H. Raiffa, R. Schlaifer: Introduction to the statistical decision theory. New York 1965.

Radner, R.: Minimax estimation for linear regressions. Ann. Math. Stat., **29**, 1244—1251, 1958.

Raiffa, H.: Decision analysis, introductory lectures on choises under uncertainty. Reading, Menlo Park, London, Don Mills 1968.

Raiffa, H., R. Schlaifer: Applied statistical decision theory. Boston 1961.

Randolph, P., K. Nagel: A team decision problem for a convex loss function over a Bernoulli random variable. Unternehmensforschung, 10, 213—223, 1966.

Rao, C. R.: Information and accuracy attainable in estimation of statistical parameters. Bull. Calcutta Math. Soc., **37**, 81—91, 1945.

—: Advanced statistical methods in biometric research. New York 1952.

Ray, S. N., H. Chernoff: A Bayes sequential sampling inspection. Ann. Math. Stat., **36**, 1387—1407, 1965.

—: Bounds of the maximum sample size of a Bayes sequential procedures. Ann. Math. Stat., **36**, 859—878, 1965.

Ray, W. D.: A proof that the sequential probability ratio test of the general linear hypotheses terminates with probability unity. Ann. Math. Stat., **28**, 521—523, 1957.

Richter, H.: Subjektive Wahrscheinlichkeit und multi-subjektive Tests. Zeitschrift für Wahrscheinlichkeitstheorie und verwandte Gebiete, 1, 271—277, 1963.

Robson, D. S.: Admissible and minimax integer-valued estimators of an integer-valued parameter. Ann. Math. Stat., **29**, 801—812, 1958.

Romier, G.: Introduction à la statistique mathématique III. Decision statistique. Ann. Inst. Henri Poincaré, n. Sér., Sect. **5**, 323—355, 1969.

Rubel, R. A.: The application of statistical decision theory to the threatment of a sore throat. Abstract in the Bulletin of the ORSA, **15**, Supplement, B 36, 1967.
Scarf, H.: Bayes solutions of the statistical inventory problem. Ann. Math. Stat., **30**, 490—508, 1959.
Schaafsma, W.: Minimax risk and unbiasedness for multiple decision problems of type I. Ann. Math. Stat., **40**, 1684—1720, 1969.
Scheffé, H.: The analysis of variance. New York 1959.
Schmitz, N.: Zur Existenz gleichmäßig bester unverfälschter Tests bei Exponentialfamilien. Metrika, **12**, 205—212, 1968.
—: Zur Konstruktion gleichmäßig bester Minimax-Verfahren bei Mehrentscheidungsproblemen. Unternehmensforschung, **12**, 34—49, 1968.
—: Bemerkung zur Angabe von Verlustfunktionen bei einseitigen Testproblemen. Operations Research Verfahren, **V**, 356—364, 1968.
—: Die Minimierung der Untersuchungszeit bei vorgegebenen Irrtumsschranken. Operations Research Verfahren, **X**, 183—198, 1971.
Schneeweiß, H.: Eine Entscheidungsregel für den Fall partiell bekannter Wahrscheinlichkeiten. Unternehmensforschung, **8**, 86—95, 1964.
—: Entscheidungskriterien bei Risiko. Berlin, Heidelberg, New York 1967.
Schwartz, L.: On Bayes procedures. Zeitschrift für Wahrscheinlichkeitstheorie und verwandte Gebiete, **4**, 25—32, 1965.
Sobel, M.: An essentially complete class of decision functions for certain standard sequential problems. Ann. Math. Stat., **24**, 319—337, 1953.
Sobel, M., A. Wald: A sequential decision procedure for choosing one of three hypotheses concerning the unknown mean of a normal distribution. Ann. Math. Stat., **20**, 502—522, 1949.
Stange, K.: Die Berechnung wirtschaftlicher Pläne für die messende Prüfung. Metrika, **8**, 48—82, 1964.
Starr, M. K.: Product design and decision theory. Englewood Cliffs 1963.
Starr, N. S., M. B. Woodroofe: Remarks on sequential point estimation. Proceedings of the National Acad. of Sciences, USA, **63**, 285—288, 1969.
Stein, C.: A necessary and sufficient condition for admissibility. Ann. Math. Stat., **28**, 518—522, 1955.
—: Inadmissibility of the usual estimator for the mean of a multivariate normal distribution. Proceedings of the Third Berkeley Symposium on Math. Stat. and Prob., **I**, University of California Press, 197—206, 1956.
Stein, C., A. Wald: Sequential confidence intervals for the mean of a normal distribution with known variance. Ann. Math. Stat., **18**, 427—433, 1947.
Strawderman, W. E.: Proper Bayes minimax estimators of the multivariate normal mean. Ann. Math. Stat., **42**, 385—388, 1971.
Strawderman, W. E., A. Cohen: Admissibility of estimators of the mean vector of a multivariate normal distribution with quadratic loss. Ann. Math. Stat., **42**, 270—296, 1971.
Tiao, G. C., A. Zellner: Bayes's Theorem and the use of prior knowledge in regression analysis. Biometrica, **51**, 219—230, 1964.
—: On the Bayesian estimation of multivariate regression. Journal of the Royal Statistical Society, Ser. B, **26**, 277—285, 1964.
Tsao, C. K.: A simple sequential procedure for testing statistical hypotheses. Ann. Math. Stat., **25**, 687—702, 1954.
Uhlmann, W.: Kostenoptimale Prüfpläne für die Gut-Schlecht-Prüfung. Metrika, **13**, 206—224, 1968.

Menges, G.: Kostenoptimale Prüfpläne. Würzburg, Wien 1969.
Ura, S.: Minimax approach to a single sampling inspection. Reports of Statistical Applications Research, Union of Japanese Scientists and Engineers, **3**, 140—148, 1955.
Uzawa, H.: Note on the rational selection of decision functions. Econometrica, **25**, 166—174, 1957.
Vogel, W.: Sequentielle Versuchspläne. Metrika, **4**, 140—157, 1961.
Vorobjoff, N. N.: Grundlagen der Spieltheorie. Würzburg, Wien 1967.
Waerden, B. L. van der: Sampling inspection as a minimum loss problem. Ann. Math. Stat., **31**, 369—384, 1964.
Wald, A.: Foundations of a general theory of sequential decision functions. Econometrica, **15**, 279—313, 1947.
—: Sequential analysis. New York 1947.
—: Statistical decision functions. New York 1950.
Wald, A., J. Wolfowitz: Bayes solutions of sequential decision problems. Ann. Math. Stat., **21**, 82—99, 1950.
—: Two methods of randomization in statistics and the theory of games. Ann. Math., **53**, 581—586, 1951.
—: Characterization of the minimal complete class of decision functions when the number of distribution and decisions in finite. Second Berkeley Symp. on Math. Stat. and Prob., University of California Press, 149—157, 1951.
Walter, E.: Über die Methoden der Vaterschaftsbegutachtung. Metrika, **17**, 146 bis 158, 1971.
Weiss, L.: A higher order complete class theorem. Ann. Math. Stat., **24**, 677—680, 1953.
—: On the uniqueness of Wald sequential tests. Ann. Math. Stat., **27**, 1178—1181, 1956.
—: Statistical decision theory. New York 1961.
Wesler, O.: Invariance theory and a modified minimax principle. Ann. Math. Stat., **30**, 1—20, 1959.
Wetherill, G. B.: Bayesian sequential analysis. Biometrika, **48**, 281—292, 1961.
Witting, H., G. Nölle: Angewandte Mathematische Statistik. Stuttgart 1970.
Witting, H.: Mathematische Statistik. Stuttgart 1966.
Wolfowitz, J.: Minimax estimates of the mean of a normal distribution with known variance. Ann. Math. Stat., **21**, 218—230, 1950.
—: On ε-complete classes of decision functions. Ann. Math. Stat., **22**, 461—465, 1951.
Zellner, A.: An introduction to Bayesian inference in econometrics. London 1971.
Zellner, A., V. K. Chetty: Prediction and decision problems in regression models from the Bayesian point of view. Journal of the Am. Stat. Ass., **60**, 608—616, 1965.
Zellner, A., G. C. Tiao: Bayesian analysis of the regression model with autocorrelated errors. Journal of the Am. Stat. Ass., **59**, 763—788, 1964.

Zur Ergänzung der Literatur von 1950 bis 1967 sei auf die Bibliographie *Menges, G., B. Leiner:* Bibliographie zur statistischen Entscheidungstheorie. Köln 1968, verwiesen.

Sachverzeichnis

Ablehnungsbereich 77
admissible 126
Aktionenraum 12
Alternativtest 20, 60, 77
Annahmebereich 77
Annahmezahl 121
a posteriori Verteilung 102
a priori Bewertung 56, 100
a priori Verteilung 101
Aufteilung, optimale 119
Auszahlungsfunktion 41, 43

Bayes-Kriterium 31, 32, 57
Bayes-Risiko 57, 109
Bayes-Strategie 44
Bayes-Verfahren 57
bedingt kompakt 48
Behrens-Fisher-Problem 82
Bereichsschätzfunktion 91
—, unverfälschte 92
—, gleichmäßig beste unverfälschte 92
Bernoulli-Prinzip 42, 57, 59
Betaverteilung 65, 71
Beurteilungsgröße 32
Bewertung, a priori 56, 100
—, a posteriori 102
Binomialverteilung 17, 115

Cauchyverteilung 65

detaillierte Vorinformation 56, 58, 59
determiniert, strikt 45, 109
Diskriminanzanalyse 20, 107

Egalisator 110, 114
Einfachklassifikation 88
empirische Forschung 34
Entscheidungen, Menge der 11
Entscheidungsfunktion, statistische 22
Entscheidungsraum 12, 33
equalizer rule 110
erwartungstreue Schätzfunktion 23, 29, 36, 70
Erwartungswert 18, 42
Erweiterung, gemischte 46
—, diskrete gemischte 46
essentially complete 126
Exponentialfamilie, einparametrige 63, 66
Exponentialfamilie, k-parametrige 64, 66
Exponentialverteilung 65, 71

Fisherscher Zweistichproben-Binomialtest 85
Fortsetzungsentscheidung 19, 53, 133
Fragestellung, einseitige 77, 79
—, zweiseitige 77, 81
Fraktil 81
F-Test 87, 88

Gammaverteilung 65, 71
Gauß-Markoff-Theorem 75
Gauß-Test, Zweistichproben 86
Gegenstrategien, optimale 44
Gesetze der großen Zahlen 16, 42
Gewißheitssituation 16
gleichmäßig bestes Verfahren 29
Gleichverteilung 65, 71, 73
Glücksspieler 49
Gütefunktion 38, 39, 77, 78

Heteroskedastizität 75
Hodges-Lehmann-Kriterium 31
hypergeometrische Verteilung 17, 65, 71, 73, 115

identifizierbar 25
Indeterminiertheitsintervall 44
Indikatorvariable 16, 17
Intervallschätzfunktion 91
invariant 62, 115
Irrtumswahrscheinlichkeit 39

Klassen, minimal vollständige 126
—, wesentlich vollständige 126
—, vollständige 126
Klassifikationsproblem 107
klassische Statistik 20, 29, 35
Kleinst-Quadrat-Schätzfunktion 74, 75, 117
Konfidenzintervall 20, 91
konsistente Schätzfunktion 23
kritische Funktion 60
kritischer Bereich 77
kritischer Wert 60, 80

least favorable distribution 111
Likelihood-Quotienten-Test 24

Likelihoodquotient 79
lineare Regression 24, 35, 74, 75, 117

Marginaldichte 102
Maximum-Likelihood-Schätzfunktion 23
Mehrentscheidungsproblem 20, 134
Methode der kleinsten Quadrate 23
minimal vollständig 126
Minimax-Kriterium 31, 32
Minimax-Regret-Kriterium 31, 112
Minimax-Risiko 109, 110
Minimax-Strategie 44
Minimax-Theorem 47, 110
Minimax-Verfahren 32, 37, 38, 109
monotoner Likelihoodquotient 79
Multinomialverteilung 65

negative Binomialverteilung 64, 71, 96
Niveau einer Bereichsschätzfunktion 91
— eines Konfidenzintervalls 91
— eines Tests 77
Normalform 43
Normalverteilung 18, 36, 65, 71, 74
Nullhypothese 20
Nutzenfunktion 43

Operations-Charakteristik 38, 39
optimales statistisches Verfahren 29, 32
Optimalitätskriterium 31, 32, 33
Ordnungsstatistik 72

Parameterbereich 20
Parameterpunktschätzung 90
Poissonverteilung 64
Prüfung, gut-schlecht 121
—, messende 121

quadratische Schadensfunktion 15, 36, 113

Randdichte 102
Randomisierung 60, 80
Rateverfahren 29, 30, 37
Realisation 16
Regression, lineare 24, 35, 74, 75, 117
Risiko, Bayes 57, 109
—, Minimax 109, 110
—, unvermeidbares 112
—, vermeidbares 112
Risikoaversion 49
Risikofunktion 29, 41, 54
Risikosituation 42
Risikosympathie 49

Sattelpunkt 45
Sattelpunktkriterium 45
Satz von Bohnenblust, Karlin, Shapley 47
— Gauß, Markoff 75
— Lehmann, Scheffé 72
— v. Neumann 47
— Neyman (Faktorisationssatz) 67
— Radon, Nikodym 66
Signifikanztest 20
Suffizienz 66
Suffizienz-Prinzip 102
Schaden, unvermeidbarer 113, 122
—, vermeidbarer 112
Schadenserwartungswert 28
—, a posteriori 102
Schadensfunktion 11, 19, 33
—, quadratische 15, 26, 113
—, stückweise konstante 13
Schätzung eines Parameters 20
Schichtung einer Grundgesamtheit 117
Schichtungseffekt 117
Spieltheorie 32
Spielwert 45
—, oberer 44, 109
—, unterer 44, 109
Statistik, suffiziente 66, 67, 68, 71
—, vollständige 68, 71
statistische Entscheidungsfunktion 22
statistische Entscheidungstheorie 25, 32, 41
statistische Verfahren 22
—, einstufige 53
—, gleichmäßig beste 29, 63
—, invariante 62
—, *k*-stufige 53
—, mehrstufige 53
—, randomisierte 59
—, sequentielle 53, 133
—, unzulässige 126
—, zulässige 77, 89, 98, 126
statistisches Spiel 41, 109
Stichprobenkosten 54
Stichprobenraum 16, 33
Stichprobenrealisation 20, 21

Stichprobenumfang 16
Stichprobenvariable 16
Strategien, reine 46
—, gemischte 46, 61
Strategienraum 41, 43
strikt determiniert 45, 109

Terminalentscheidung 19, 54
Test, einseitiger 77
—, Einstichproben-t- 85
—, Fisher-Yates- 89
—, Fisherscher Zweistichproben-Binomial- 85
—, Pitman- 89
—, unverfälschter 77
—, Wilcoxon- 89
Test, zweiseitiger 77
—, Zweistichproben-F- 87
—, Zweistichproben-Gauß- 86
—, Zweistichproben-t- 87
—, zum Niveau α 77, 92
—, χ^2- für die Varianz 86

Überdeckungswahrscheinlichkeit **92, 93**
unbiased tails 86
Ungewißheit 15, 41
ungünstigste a priori Bewertung **111**
ungünstigste a priori Verteilung **111**
unverfälschte Bereichsschätzfunktion 92
unverfälschte Fraktile 86, 88
unverfälschter Test 23, 77
unvermeidbarer Schaden 113, 122
unvermeidbares Risiko 112
Utility-Funktion 42

Varianz 18, 29, 36
Varianzanalyse 88, 97
Verfahren, s. statistisches Verfahren
verallgemeinertes Bayes-Verfahren 128
Verlustfunktion 12
vermeidbares Risiko 112
Versicherungsnehmer 49
Verteilung, Beta- 65, 71
—, Binomial- 17, 64, 71, 73, 115
—, Cauchy- 65
—, Exponential- 65, 71
—, Gamma- 65, 71
—, Gleich- 65, 71, 73
—, hypergeometrische 17, 65, 71, 73, 115
—, Multinomial- 65
—, negative Binomial- 64, 71, 96
—, Normal- 65, 71, 74
—, Poisson- 64, 71
—, a posteriori 102
—, a priori 101
vollständig 126
Vorinformation 56, 100
—, detaillierte 56, 58, 59

Wahrscheinlichkeitsfunktion 17
Wahrscheinlichkeitsverteilung 17
Wald, Abraham 5, 25, 53
wesentlich vollständig 126

Zufallsvariable 17, 18
zulässig 77, 98, 99, 126
Zurücklegen 17, 118
Zustand der Umwelt 11, 33
Zustandsraum 12
Zwei-Finger-Morra 50
Zweipersonennullsummenspiel 41
Zweistichprobenproblem 72, 86, 88

GPSR Compliance

The European Union's (EU) General Product Safety Regulation (GPSR) is a set of rules that requires consumer products to be safe and our obligations to ensure this.

If you have any concerns about our products, you can contact us on ProductSafety@springernature.com

In case Publisher is established outside the EU, the EU authorized representative is:

Springer Nature Customer Service Center GmbH
Europaplatz 3
69115 Heidelberg, Germany

Batch number: 10815962

Printed by Printforce, the Netherlands